The Big Idea

U0176148

太空是什么形状的？

大方
sight

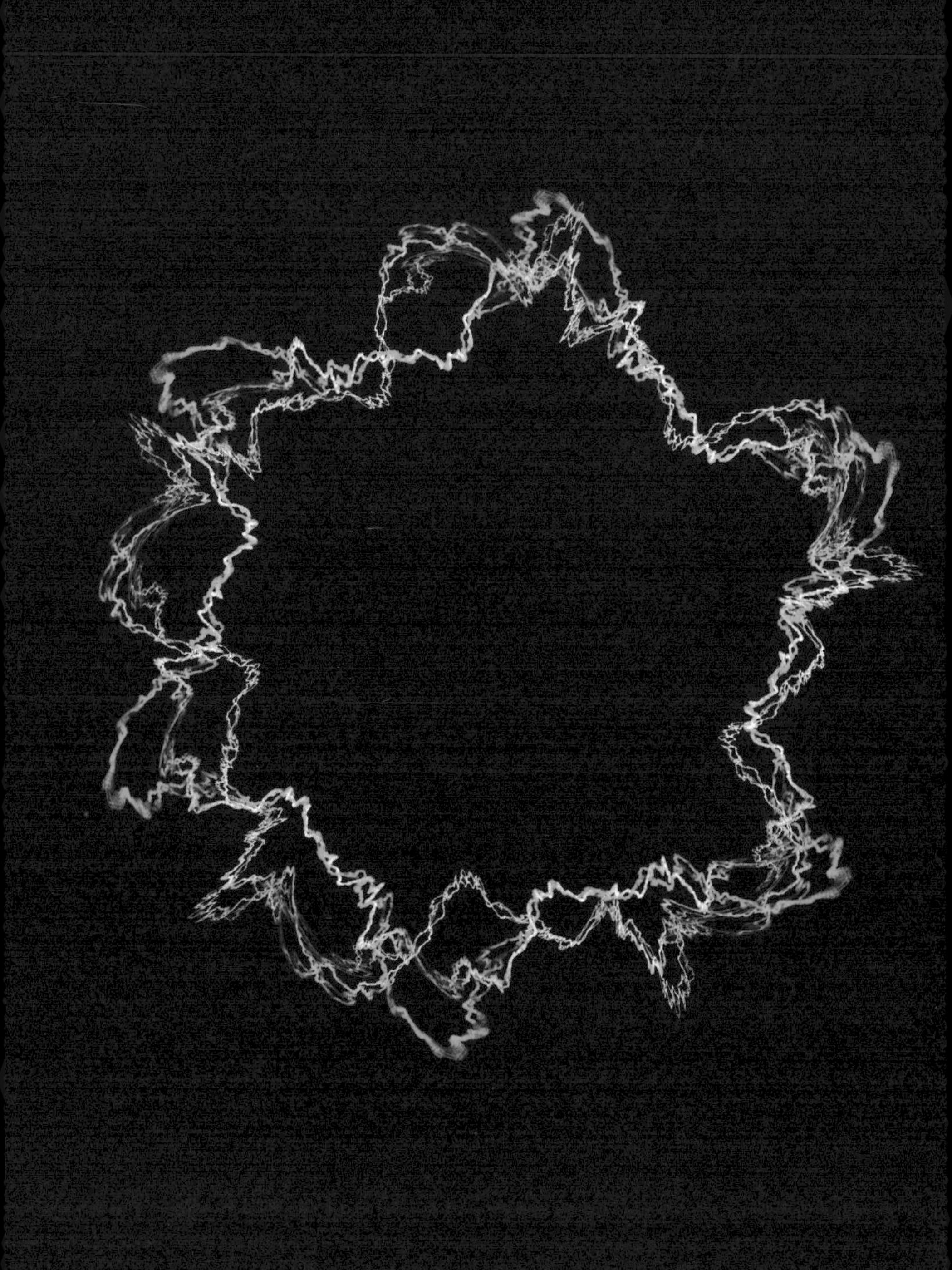

The Big Idea

[英] 贾尔斯·斯帕罗 著
项南 译 [英] 马修·泰勒 编

太空是什么形状的？

21世纪读本

中信出版集团 | 北京

目录
Contents

SCENO
SYSTE
COPER
ZODIACVS ET SPHÆRA STELLA
CAN
CER
H Y B E R N A
SEMITA SATVRNI QVI T
VIA IOVIS S
IVPITER
CIRCVLVS MARTIS DVORVM ANNORVM
ORBITA GLOBI TER
SOLSTI
BRV
ÆQVINOCTIVM
VERNVM.
SPATIO CIRCA
SOLSTI
ÆSTI
LI
BRA
V E R N A
SCOR
PIVS

导言
Introduction

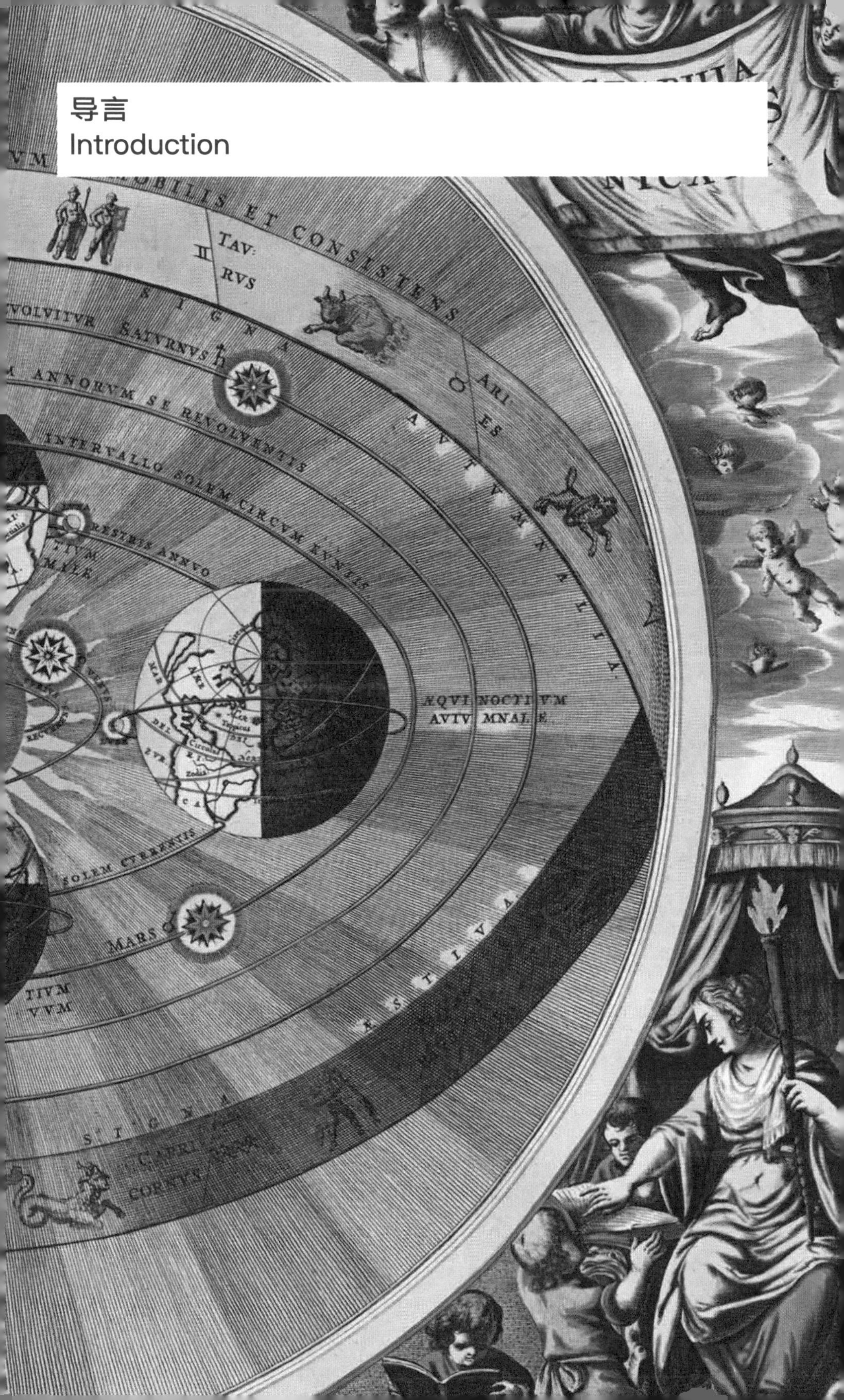

A

本书着手回答一个看似简单的问题——太空是什么形状的？

这是一个重要的问题，因为测量和解释太空（更准确地说是空间）的形状对宇宙学有着巨大的影响。宇宙学是一门研究宇宙的过去、现在和未来的科学。这个领域研究宇宙何时产生，如何产生，现在延伸到了哪里，以及几十亿年后的最终命运如何。

宇宙（U.） 从本书的目的出发，宇宙（universe，u 为小写字母）仅指一个空间中的连续区域。我们似乎可以在这个区域中旅行。宇宙（Universe，U 为大写字母，后文会以“U.”标注出来）特指我们居住的宇宙。

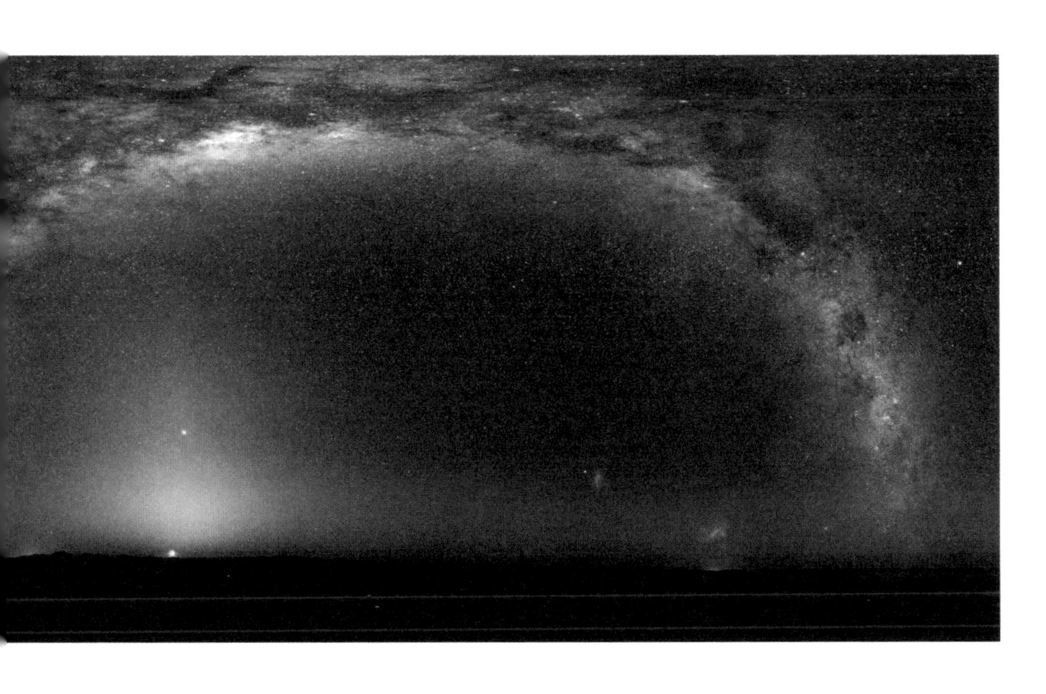

A　在智利帕瑞纳山（Cerro Paranal）里，欧洲南方天文台那安装着巨型望远镜的庞大建筑群上方是布满了星星的天空。这些巨型望远镜能敏锐地接收从宇宙最远的角落射来的光线。这些光线可能在宇宙中走了数百万年甚至数十亿年。因此它们能给我们提供线索，帮助我们理解宇宙本身的结构和形状。

但是在接触各种证明空间有特殊形状的理论和证据之前，我们首先需要准确理解宇宙学家在谈论空间时所表达的意思，以及它究竟是如何有一个形状的。

今天我们想到太空时，脑海中浮现的第一幅画面可能是外层空间：从我们上方大气层边缘的某个地方开始存在的巨大空洞，延伸穿过巨大的虚空，将行星和恒星分开，没有什么特别的东西填充。

在我们的想象中，
空间是星辰之间
冰冷、空旷和漆黢的黑暗。

但是对于物理学家和宇宙学家来说，空间有着截然不同的定义，它不仅包括广阔的宇宙（U.）空间，也包括我们生活的地球上的空间。在这个概念下，空间是为测量提供基准框架的几何结构：物体占据空间中的体积，并从一个位置移动到另一个位置。

直觉上，我们认为空间有三个维度。我们根据物体的高度、长度和深度来测量它们。我们用类似的方式理解它们的运动：上下、左右和前后。我们意识到这些是不同的测量方法，但是随着我们的视角变换，它们是可以互换的。如果你和我从不同的方向看同一个物体，我们可能会对用哪个方向来衡量它的高度、长度和深度有分歧。

然而，有一点我们会达成一致，那就是三个方向互相垂直，即呈 90 度的直角。此外，如果我们能就一个被称为原点的固定视点、一个共同的方向和一个共同的度量单位达成一致，我们就可以仅用三个数字来定义空间中的任何点。这三个数字表示这三个测量值。这些简单的原则构成了我们在学校所努力学习的欧几里得几何的基础。

维度只是描述独立的测量方向的科学术语。因此，我们可以说欧几里得几何描述的空间是三维的。如果我们有足够的线，我们可以把它绘制成一个无穷无尽的网格状立方体，其中每个角

欧几里得（Euclead）大约在公元前 300 年，这位希腊数学家写下了现存最早的几何教科书《几何原本》。在该书中，他阐述了平面几何的各种定理，这些定理实际上同样适用于三维空间。

A　在法国天文学家卡米耶·弗拉马里翁（Camille Flammarion）1888 年出版的一部书中有这幅著名的版画。它将天文学的概念理解为发现一系列新的和更复杂的宇宙（U.）。

B　欧几里得的《几何原本》阐述了数学语言是如何描述现实的各种明显可靠的方面的，比如几何学。今天，我们知道欧几里得几何只是一种特殊的、具有内在假设和局限性的形式。

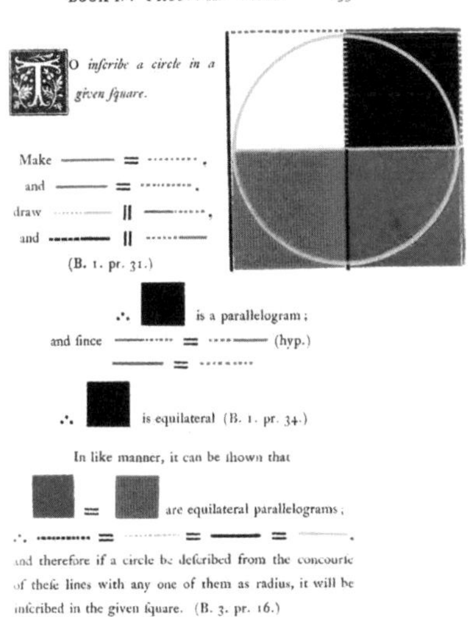
BOOK IV. PROP. VIII. PROB. 133

To inſcribe a circle in a given ſquare.

Make ——— = ……,
and ——— = ……,
draw …… || ———,
and ——— || ……
(B. 1. pr. 31.)

∴ [figure] is a parallelogram;
and ſince ——— = ——— (hyp.)
——— = ……

∴ [figure] is equilateral (B. 1. pr. 34.)

In like manner, it can be ſhown that
[figure] = [figure] are equilateral parallelograms;
∴ ——— = ——— = ——— = ———.
and therefore if a circle be deſcribed from the concourſe of theſe lines with any one of them as radius, it will be inſcribed in the given ſquare. (B. 3. pr. 16.)

Q. E. D.

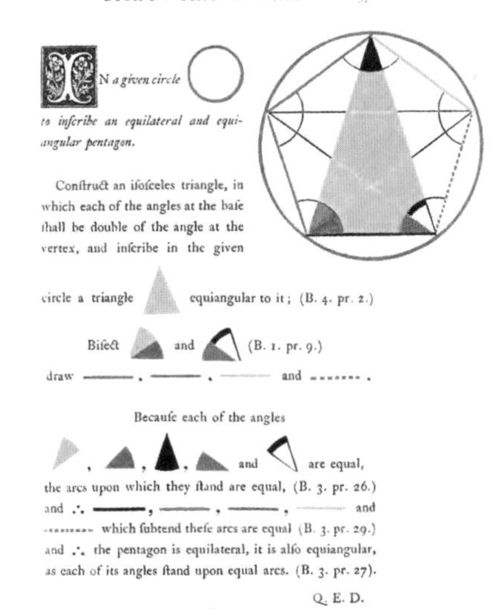
BOOK IV. PROP. XI. PROB. 137

In a given circle to inſcribe an equilateral and equiangular pentagon.

Conſtruct an iſoſceles triangle, in which each of the angles at the baſe ſhall be double of the angle at the vertex, and inſcribe in the given circle a triangle [figure] equiangular to it; (B. 4. pr. 2.)

Biſect [figure] and [figure] (B. 1. pr. 9.)
draw ———, ———, ——— and ———.

Becauſe each of the angles
[figure], [figure], [figure], [figure] and [figure] are equal,
the arcs upon which they ſtand are equal, (B. 3. pr. 26.)
and ∴ ———, ———, ———, ——— and ——— which ſubtend theſe arcs are equal (B. 3. pr. 29.)
and ∴ the pentagon is equilateral, it is alſo equiangular, as each of its angles ſtand upon equal arcs. (B. 3. pr. 27).

Q. E. D.

B

落由垂直相交的三条线标记而成。根据欧几里得的理论，不管网格中放置的是什么实际物体，不论这些物体是乒乓球还是行星，网格都应该保持不变。

> **但事实上，欧几里得的理解并非完全正确。如恒星和行星那样真正巨大的物体的存在确实很重要。而它们之所以重要，是因为迄今为止我们一直遗漏了这个故事的一个重要元素。**

为了理解到底发生了什么，我们必须首先研究空间的其他含义，即恒星与行星之间的虚空。

A 在一夜间，天空中星星的缓慢旋转，是地球与宇宙关系中人们最熟悉的一面。这张照片中被称为星迹的弧线是在长时间曝光下拍摄的。

B 托勒密（Ptolemy）所著的《天文学大成》（*Almagest*）的7世纪阿拉伯译本中有这些行星的运动表。

A

在人类历史的大部分时间里，即使是最优秀的人也没有必要想象星星之间的间距。基于肉眼（当时唯一可行的选择）观测之局限性的古代理论得出一个可以理解的结论，即地球是宇宙（U.）的静止中心，太阳、月球和行星围绕它运动，恒星围绕着每天旋转一次的天空形成一个外壳。

这解释了为什么太阳系的物体以不同的速度相对背景恒星运动，以及为什么所有天体每天升起和落下一次。与此同时，遵循“大自然憎恶真空”（nature abhors a vacuum）准则，人们普遍认为行星轨道和它们之间的空隙被一种叫作以太（aether）的神秘物质填充，这种物质允许光和力在天体之间传递。

尽管一些早期希腊哲学家对地球的大小以及到月球和太阳的距离的估计有着相当出色的预测，但他们仍然认为某种东西填充在这些物体之间。只有从公元前3世纪蓬勃发展起来的斯多葛派哲学家想象出的宇宙有着类似空洞的东西。尽管他们的理论认为空洞位于可见的宇宙（包括恒星）之外，而不是渗透其中。此外，斯多葛派的观点很快被另一个模型取代，这个模型似乎更成功地解释了天空中行星的运动。

这个理论是由亚历山大的托勒密在公元 2 世纪构想出来的。该理论设想地球位于宇宙的中心，其他行星围绕着它在由神秘以太组成的固定球体上旋转。托勒密认为，行星本身实际上位于较小的、被称为本轮的圆形轨道上。本轮以主星球为中心。这解释了神秘的“逆行运动”（retrograde motion）现象。在这种现象中，火星、木星和土星会在几周或几个月内逆转它们穿越天空的路径。

托勒密的模型设想了地球、月球、太阳和五颗已知行星组成的体系，它们被包裹在一个携带固定恒星的外层球体中，而没有考虑它们之间的茫茫真空。这个理论的吸引力在于，它似乎对实际的行星运动提供了相当精确的描述，同时保留了一种根深蒂固的哲学思想（至少可以追溯到柏拉图），即天堂的完美需要纯粹的圆周运动。

亚历山大的托勒密（Ptolemy of Alexandria，约 100—170）
希腊—埃及数学家，写下一部颇有影响力的天文学著作，其阿拉伯语版本的著作名为《天文学大成》（*Almagest*）。书中，他建立了天文学思想。在文艺复兴时期之前，这些思想基本上没有受到质疑。

B

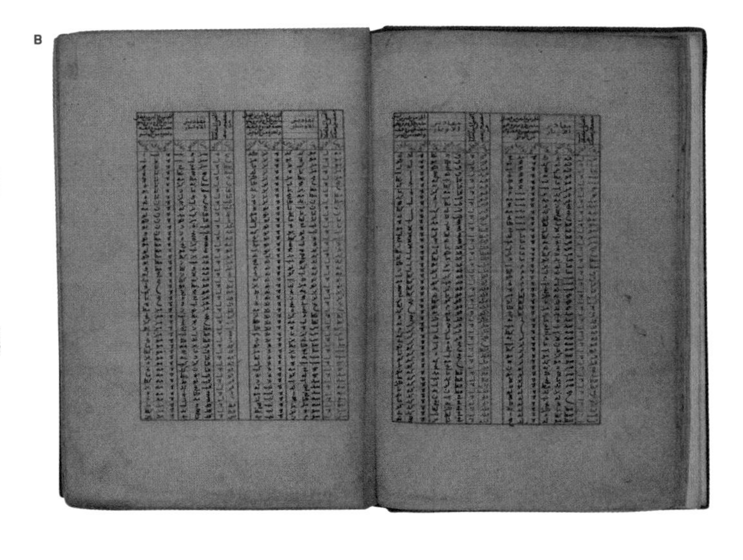

A

以地球为中心的托勒密体系统治天文学超过千年，比罗马帝国还久。这个体系成了教会教学的一个既定部分，直到新的发现开始严肃地推翻它。

正是在 16 世纪早期，宗教改革的思想动荡中，尼古拉·哥白尼第一次敢于传播关于以太阳为中心或称为日心体系的异端思想。

哥白尼认为太阳而不是地球位于太阳系的中心。水星、金星、地球、火星、木星和土星围绕着太阳运行，月球在围绕地球的轨道上运行。这简化了行星运动的许多谜题（例如，逆行运动是一种效应，当运动较快的地球在围绕太阳的年度轨道上“超越”一颗距离更远、运动更慢的行星时，逆行发生），但该理论并没有完全解决这些谜题。在 1543 年哥白尼去世前，他通过加入自己的本轮体系已经含糊其词了他的模型，这类似托勒密用来维持理想中圆周运动概念的本轮体系。不过，《天体运行论（论天球革命）》（*De Revolutionibus Orbium Coelestium*）在他临终时出版，还是引发了天文学的革命。

B

起初，哥白尼理论因试图推翻对天空性质的根深蒂固的假设而遭到反对。然而，在 16 世纪 70 年代，发生了两件更直接挑战这些假设的事情。首先，1572 年，一颗明亮的新星在仙后星座出现了几个月。现在我们了解到，那是一颗爆炸的恒星或超新星，这次巨大的爆发表明，恒星并不像人们曾经认为的那样，处于固定的完美状态。

A 安德烈亚斯·塞拉里乌斯（Andreas Cellarius）的作品《和谐大宇宙》（*Harmonia Macrocosmica*）（1660）中的一幅插画展示了以地球为中心的传统宇宙学模型，周围环绕着绕轨道运行的行星和一个布满恒星的外球面。

B 《和谐大宇宙》的第二幅插画展示了哥白尼的宇宙模型，太阳在宇宙的中心，地球是几个行星之一。注意环绕地球的一个月球和四个伴随木星的卫星。

尼古拉·哥白尼（Nicolaus Copernicus， 1473—1543）这位波兰天主教神父和天文学家对行星运动进行了观测，这使他形成了以太阳为中心的宇宙理论。他最初在 1514 年的一篇私人小论文中传递了自己的观点，但直到 1543 年全文才得以发表。

星座（constellation）传统上由天体观测者以明亮的恒星组成的图案，通常附有故事或传说。然而，今天的星座是围绕这些传统图案的天空区域，共有 88 个，相互交错着覆盖了整个天空。

A

A　1577 年，一颗壮观的彗星（在一部土耳其语的手稿插图中有所描绘）打破了许多关于宇宙性质的先入之见，因为它显然是在行星的轨道间移动。

B　在想到椭圆轨道之前，约翰尼斯·开普勒（Johannes Kepler）有一个不严谨的想法，即行星路径可能是由一系列嵌套着的、规则的或“完美的”（Platonic）固体定义的，如其《神秘宇宙图》（*Mysterium Cosmographicum*, 1596）所示。

然后到 1577 年，一颗明亮的彗星在天空出现了几个月。来自欧洲不同地方的观测表明，基于观测者的所在地，它的方向并没有明显的变化。所以它一定是非常遥远的，而不是一个大气现象。此外，彗星穿过天空的路径清楚地表明，它一定是直接穿过了假定的行星球体。

最后的突破性进展是在 1608 年。当时，约翰尼斯·开普勒意识到，如果放弃“完美”圆周运动的想法，转而选择椭圆轨道（太阳位于两个“焦点”之一），就可以更好地解释行星穿过天空的运动。开普勒的太阳系新模型迅速传开，并很快为伽利略·伽利雷（Galileo Galilei）等天文学家使用最新发明的望远镜得到的观测所支持。

开普勒的椭圆轨道理论抛弃了轨道和球体，因为他的理论提供了行星完成一次公转所需的时间和其轨道大小之间的直接联系，还揭示了行星漂浮在数千万甚至数亿千米的广阔空间中。正如我们将要看到的，地球绕太阳运行这一认识对恒星自身的距离有着更深的含义。

宇宙的规模一下子大幅扩展。天文学家历史上第一次被迫接受这个观点，即地球被一个向四面八方延伸的巨大空间包围着。不过，强加某种形状在这个虚空之上仍然是有可能的，关键是标注和理解虚空中星体的位置分布。

B

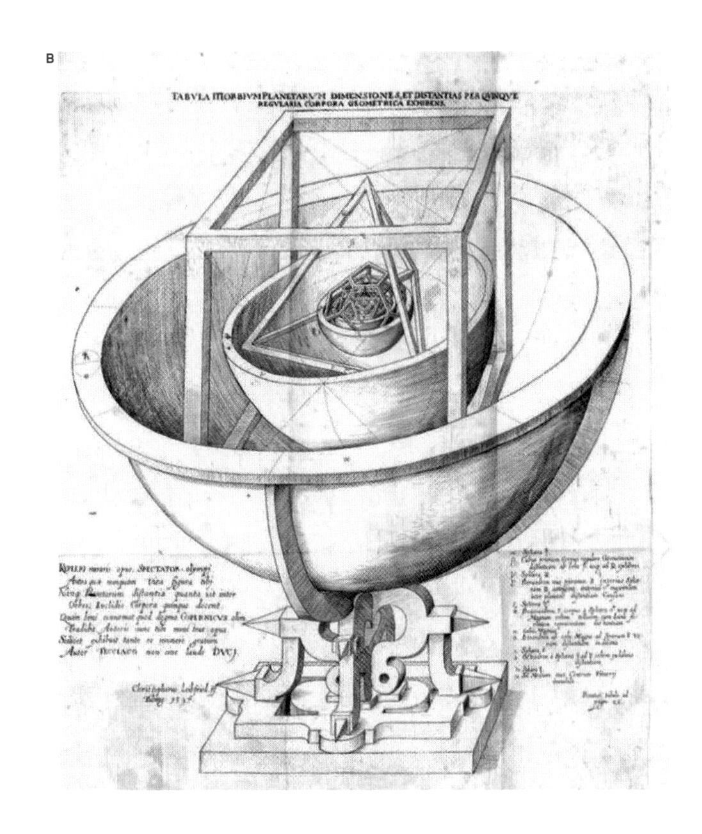

约翰尼斯·开普勒（Johannes Kepler，1571—1630）这位德国数学家和占星家在成为神圣罗马皇帝鲁道夫二世（Rudolf II）的帝国数学家之前，曾担任丹麦天文学家第谷·布拉赫（Tycho Brahe）的助手。根据第谷对火星的观测，开普勒说服自己并制定了1609年刊布在《新天文学》（*Astronomia Nova*）中的行星运动定律。

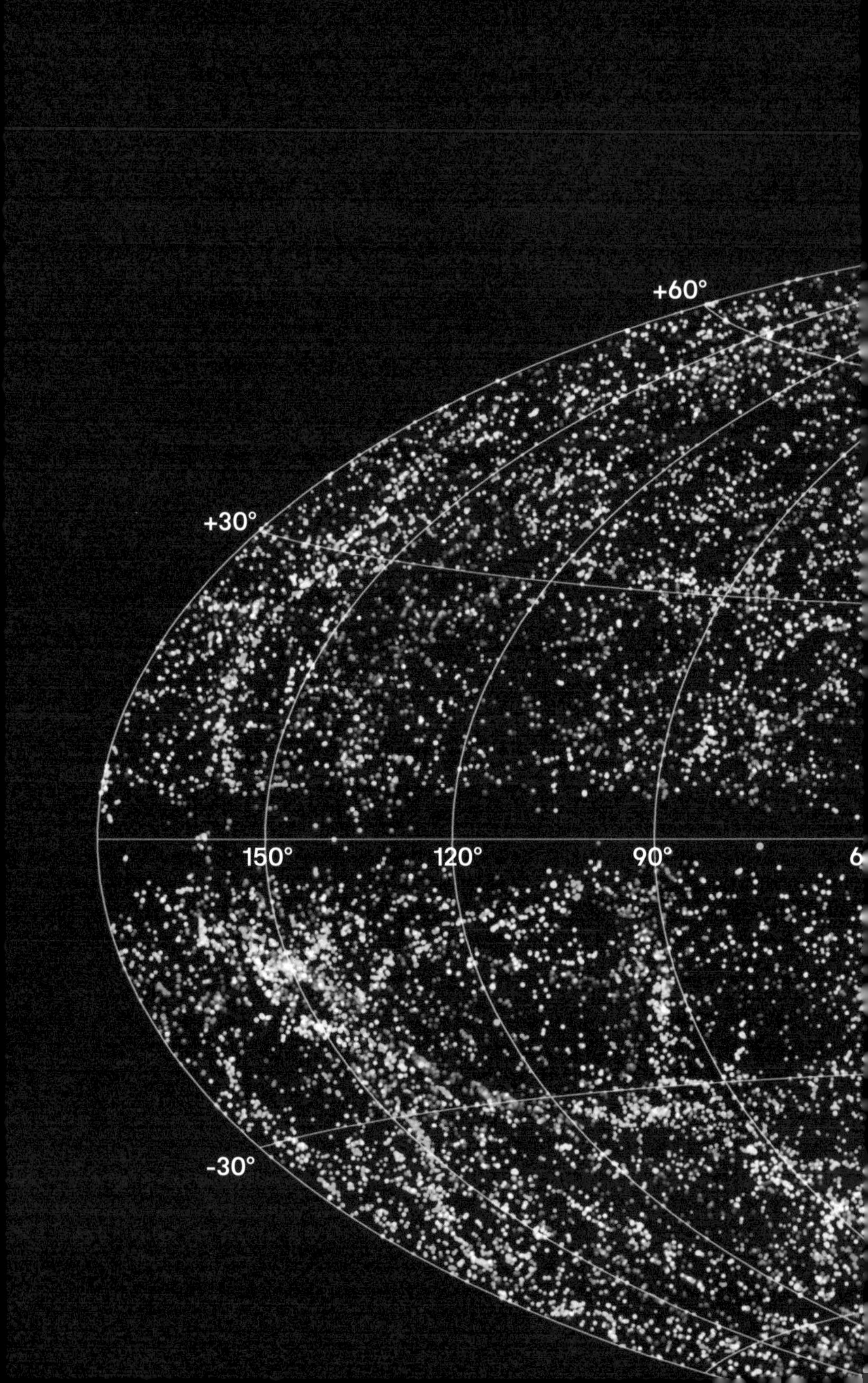
+60°
+30°
150°
120°
90°
6
-30°

1. 太空测绘
Mapping Space

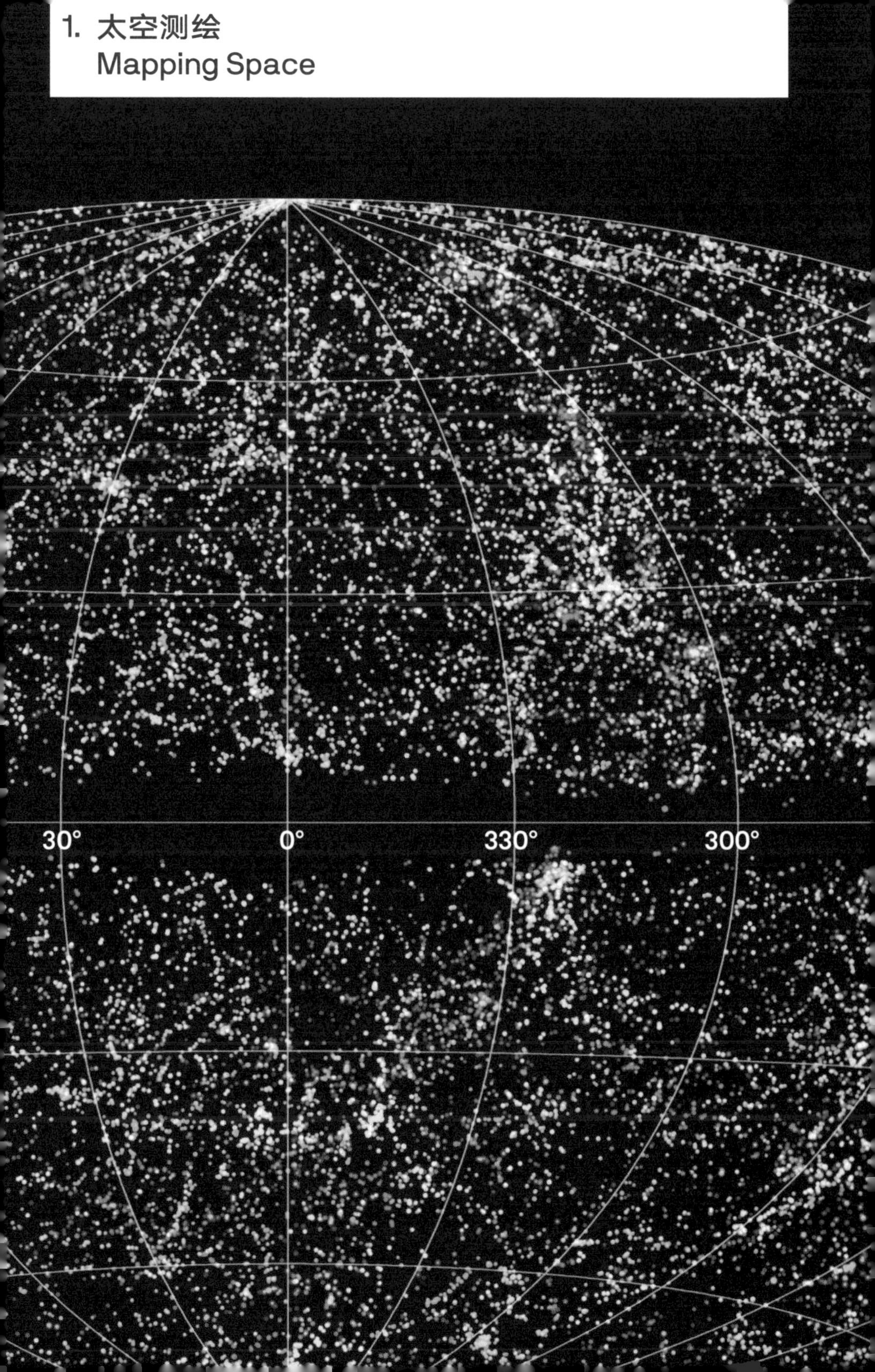

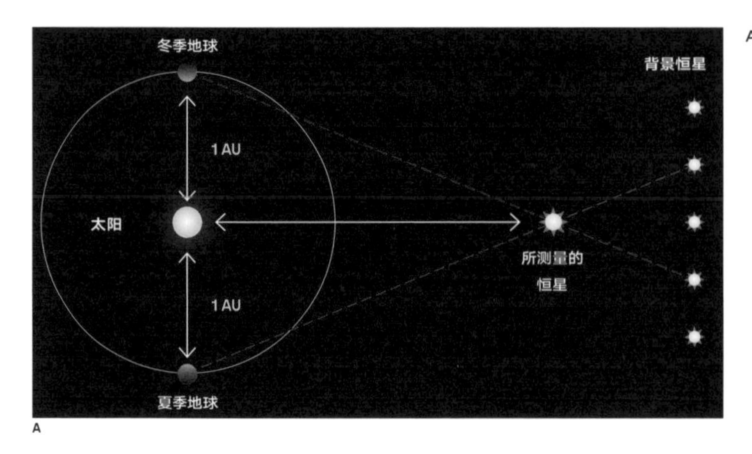

A

A　随着地球从其轨道的一边移动到另一边，恒星视差就出现了。从这条 3 亿千米“基线”的任意一端看，一颗附近的恒星会在天空中改变它的方位，也会相较更远的背景恒星改变它的表观位置。然而，宇宙的规模如此之大，即使是最近的恒星，这种变化也很小。译者注：图中 AU 指天文单位，为地球到太阳的平均距离。

我们对空间形状的现代探索真正始于哥白尼革命。这场革命将天体从水晶球的限制中解放出来。这让它们在广阔的太空中漫游。这场革命将地球从宇宙中心的神圣位置连根拔起，并（在一段时间内）将太阳提升到宇宙的最高位置，不仅对其他行星，而且对恒星本身的距离都有着重要且直接的影响。

几个世纪以来，反对日心说的一个关键论点一直是这样的，即如果地球在太空中运动，当我们的观测点从地球轨道的一边转移到另一边时，恒星的运动方向肯定会发生变化。

这种被称为视差（parallax）的效应在我们的日常生活中非常普遍：将手指保持在一臂之遥，然后依次眨每只眼睛，与更远的背景物体相比，手指的位置似乎会来回移动。天文学家们已经尝试过，但并没有发现恒星有这样的视差偏移，而且因为缺乏任何证据，这对地球是移动着的这个观点非常不利。

但是随着望远镜的观测结果和开普勒体系的理论支持为地球运动带来压倒性的新证据，这场论争也发生了逆转。如果即使地球从轨道的一边移动了大约 3 亿千米到另一边，恒星看起来也没有改变它们的视向，那么它们一定是遥远得难以想象。

18 和 19 世纪，许多天文学家忙于探索测量视差。理论上，望远镜不断增强的性能会使这项任务变得更加容易。但实践中，天文学家在“天体测量学”（astrometry，恒星位置的测量）方面仍然面对重大挑战。随着恒星每 24 小时绕天空旋转一次，太阳升起和落下，我们根本不可能将望远镜对准空间中的同一点，去观测恒星是否缓慢地来回移动；相反，我们必须在固定的“天体坐标”（类似于地球上的纬度和经度）网格上测量恒星位置。

一个早期的发现认为，恒星并不像看上去那样固定，其中许多恒星年复一年、十年复十年地缓慢穿越天空。这个所谓的“自行运动”是由恒星的运动与我们太阳系的运动结合而成的，而且恒星之间的运动差异很大。天文学家很快意识到，他们可以利用这一点识别哪颗恒星最接近地球，并把注意力集中到这些恒星的测量视差上。

B 比邻星：离地球最近的恒星，只距离地球 4.25 光年。在这个距离上，它有 0.77 弧秒的视差偏移（大约是满月宽度的 1/2000），每隔 450 年它的自行运动会让它的位置偏移一个满月的直径。尽管它很近，但直到 1915 年人们才发现它。

C 这张详细的图描绘了 2012—2016 年比邻星相对背景恒星的运动（由比邻星运动与地球运动结合引起）。路径中的“圈”是由视差造成的。

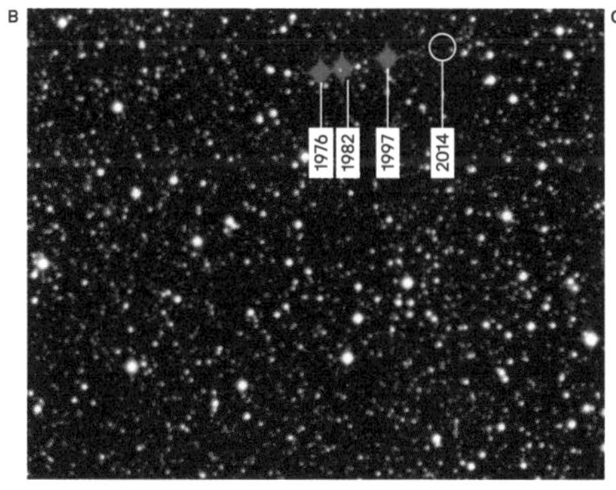

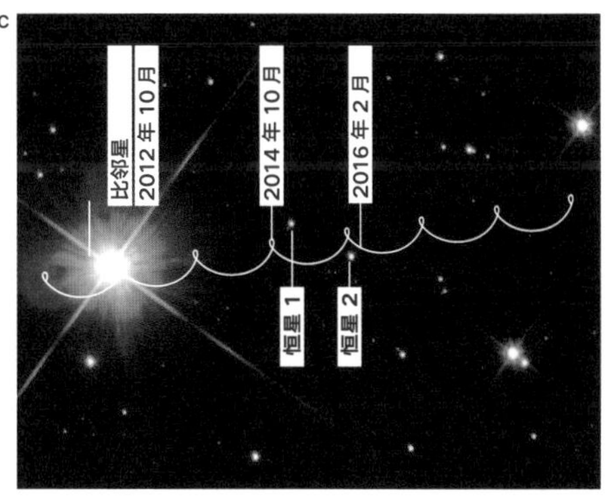

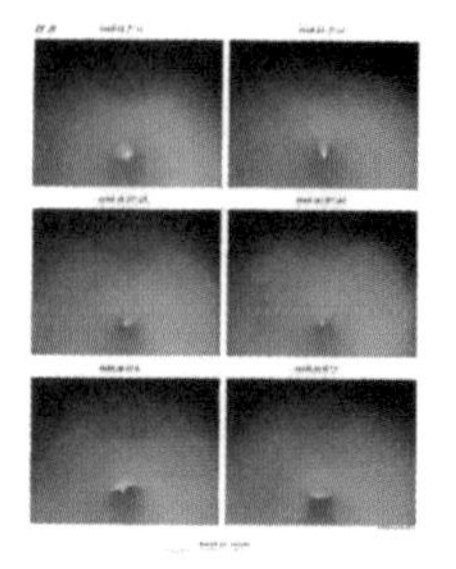
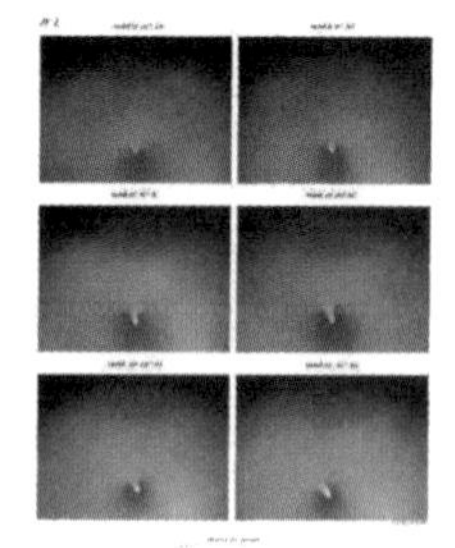
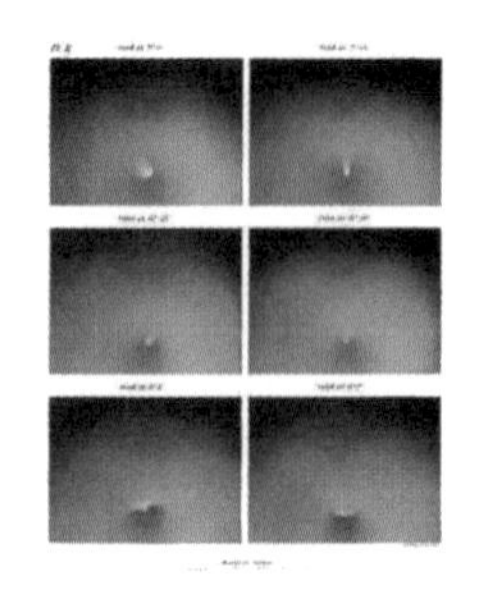
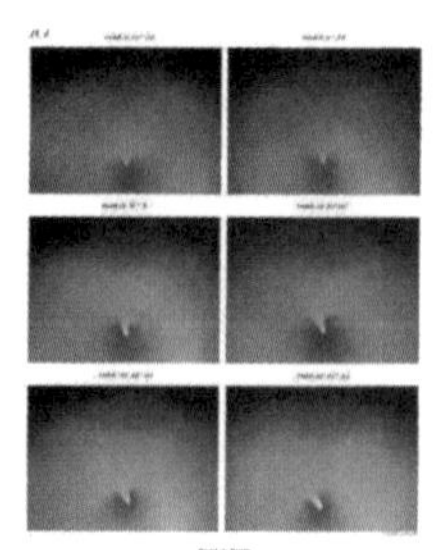

A

尽管如此，弗里德里希·贝塞尔还是尝试了多年都没有成功测量一颗叫作天鹅座 61 的恒星的视差。到 1838 年，他终于成功了。他证明这颗恒星视向的年均变化量是微小的 1/11500 度，但这足以计算出它距离地球约 100 万亿千米。

空间再度扩大了。它扩展到如此规模，以至于使用普通的距离测量方法得到的数值已经大得离谱。

弗里德里希·贝塞尔（Friedrich Bessel，1784—1846）这位德国天文学家精确地绘制了 5 万多颗恒星的位置。通过考虑大气对光的弯曲作用，以及地球绕其轨道运动引起的恒星方向的微小变化，他终于在 1838 年成功地测量了视差。

度（degree）角度测量单位。圆有 360 度，直角有 90 度。1 度可分为 60 分，1 分又可细分为 60 秒。

光年（light year）一年内光在真空中穿过的距离，约相当于 9.5 万亿千米。

光度（luminosity）一种度量，与太阳发出的能量进行相比测量，恒星或其他天体发出的总能量。人们可以把光度差异粗略地用作可见光亮度的相对基准，尽管热的或冷的恒星能以不可见的紫外线或红外线发射大部分能量。

因此，天文学家很快想到了测量恒星与我们之间距离的方法，即用它的光到达我们的时间当作度量。光是宇宙中最快的东西，它的速度是惊人的每秒 299792 千米，在这个尺度上，天鹅座 61 距离地球 10.3 光年。

测量宇宙距离的另一种方法是用秒差距（parallax second 或 parsec）。一个秒差距是一颗恒星出现 1 弧秒（1/3600 度）的视差而要运行的距离，相当于 3.26 光年。现代天文学家更喜欢谈论秒差距（实际上是千秒差距和百万秒差距），而不是光年，因为他们更喜欢直接测量而不是"推导出来的"单位，但在本书的其余部分，我们将使用人们更熟悉的术语。

贝塞尔视差测量的一个直接发现是证实并非所有恒星都是相同的。天鹅座 61 相对较暗（事实上，在肉眼可见的边缘）。一旦知道了它的距离，很容易发现它的本征光度远不如太阳。事实上，天鹅座 61 是一颗"双星"，即天空中紧密相连的一对星，一颗比另一颗稍暗。这对"双星"都显示出相同的视差，因此，实际上它们与我们的距离相同。这个发现也证明了这两颗恒星在物理上一定是不同的，否则它们看起来会有完全相同的亮度。

B

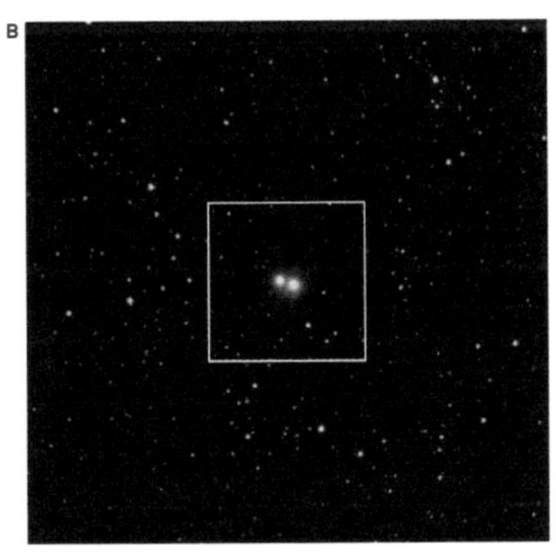

这一发现和同时期的其他发现为天体物理学以及我们对恒星如何运行的现代理解开辟了道路。

A　弗里德里希·贝塞尔在 1835 年哈雷彗星接近太阳时，画下了哈雷彗星的这些草图。他之前重新计算了它的轨道，以便更精确地预测它返回太阳系内部的时间。

B　尽管天鹅座 61 系统的双星在天空中很接近，但它们实际上相隔的距离仅略小于海王星绕太阳的轨道，并且需要 659 年才能相互绕行一周。

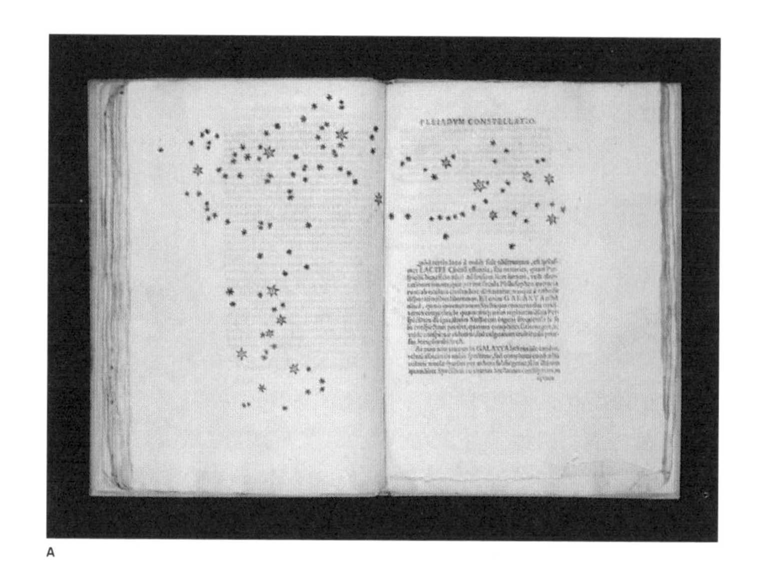

A

伽利略·伽利雷（Galileo Galilei，1564—1642）这位意大利物理学家和天文学家以他对天空的观测而闻名。他用一台自制的望远镜进行观测。荷兰人发明望远镜后不久，他便自制了这种装置。伽利略发现了金星的相位和木星的卫星，这促使他推广了宇宙的日心说模型，也使他与强大的天主教会发生了冲突。

从空间不断扩大的角度来看，这项工作最有趣的结果是使人们认识到，并不总是需要耗时费力地通过视差测量来估算恒星的真实特征。恒星的光线中隐藏着一些线索，这些线索可以揭示它真正的物理性质。这些线索包括它们能量输出的颜色和它们的大气中元素的特征。人们根据这些线索通常足以大致估计出恒星的真实光度。我们可以根据从地球上所看到恒星的亮度来估计它的距离，而无须直接测量。

B

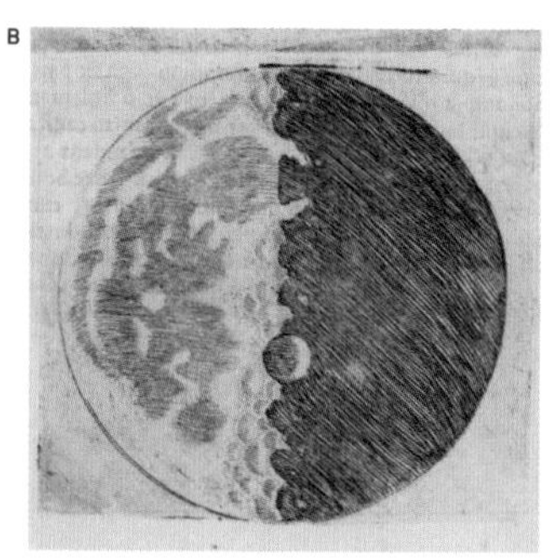

因此，天文学家开始发现，许多看似暗淡的恒星通常只能借助望远镜观测到。实际上，这些恒星在物理上来说是非常明亮的。因此这些恒星必定比地球离太阳远得多，它们距离太阳几千甚至几万光年。最后，天文学家开始了解到我们银河系的真正规模。

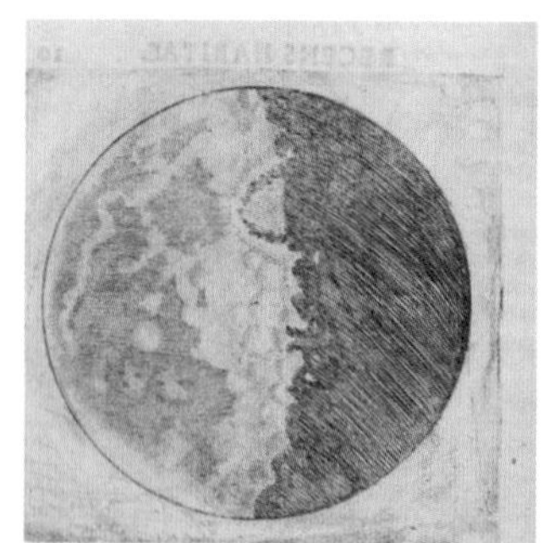

A　伽利略于1610年在小册子《星际信使》（*Sidereus Nuncius, Starry Messenger*）中发表了他使用望远镜对天空（如昴宿星团）的观测。

B　伽利略的月球素描图揭示了环形山和山脉。

C　银河系灰白的带状物可分解成无数的恒星。这些恒星像是聚集在云层中。观测“云层”的起伏远远超出伽利略望远镜那有限的能力。

c

银河是地球夜空中最明显的景观之一（至少从暗处观察是这样）——一条从地平线延伸到地平线的白光带，成为一些最明亮星座的背景。自古以来，银河是无人不知、无人不好奇的。它是伽利略·伽利雷所制作的第一架望远镜的明显观测目标。这位意大利天才发现，它只是由数百万颗以前看不见的恒星组成的，一直延伸到可见范围的极限边缘。

通过观测恒星在天空的分布以及它们在银河系中的集中度，天文学家们很快得出这样一个结论，即我们的太阳系嵌在一个扁平的恒星平面中。平面相比它的深度要宽得多，其密度最大的区域位于人马座方向。当我们透过这个星系的平面观察时，恒星以相似的方向“堆积”在彼此的后面，它们合并形成银河系的云层。但是当我们向外看时，我们只看到几颗相对较近的恒星和远处明显空旷的黑暗空间。

A

爱德文·哈勃（Edwin Hubble，1889—1953）这位美国天文学家以测量到其他星系的距离和发现宇宙膨胀而闻名。哈勃太空望远镜以他的名字命名。

A　19 世纪中期，天文学家首次成功分辨了许多遥远星云的螺旋结构。

B　流行天文学书籍如《今日天文学》（*Astronomy of Today*，1909）的繁荣和一个非常成功的科学发现是同时的。

C　早期的照片显示，一些星云包含嵌在气体和尘埃中的少量恒星，而另一些星云似乎被大量无法分辨的恒星所主宰。

早期绘制银河系规模的尝试表明，银河系有数万光年宽（直到 20 世纪，它的全貌才变得清晰可见，它是一个 10 万光年宽的巨大螺旋，中间有一个巨大的恒星凸起）。现在我们知道地球距离银河系正中心大约 2.6 万光年，我们银河系中的一切最终都在一个质量相当于 400 万个太阳的巨大黑洞周围的轨道上运行。

到 20 世纪初，我们对空间规模的理解已经有了很大进步，在这个过程中，我们自己的星球在人们的认知中地位大大降低了。但接下来还有更令人震惊的。当时的大多数天文学家认为，银河系实际上是整个宇宙（U.）——一座独自漂浮在巨大的黑色空间中的由星星组成的城市。很少有宇宙学理论来解释这样一个系统是如何形成的，或者描述银河系之外的东西。太空是永远延伸出去，还是说整个宇宙（U.）是一个不比我们银河系大多少的气泡呢？

B

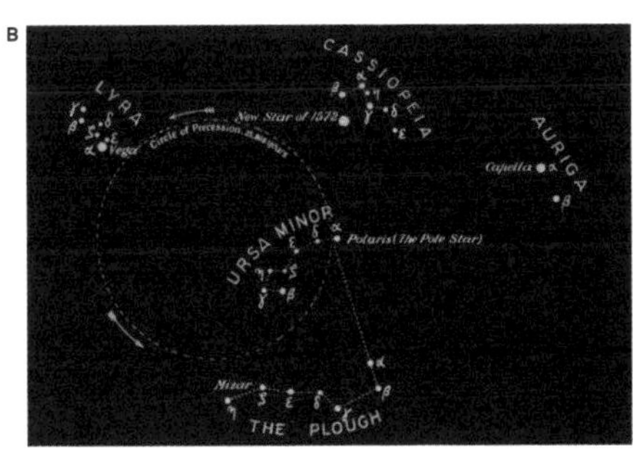

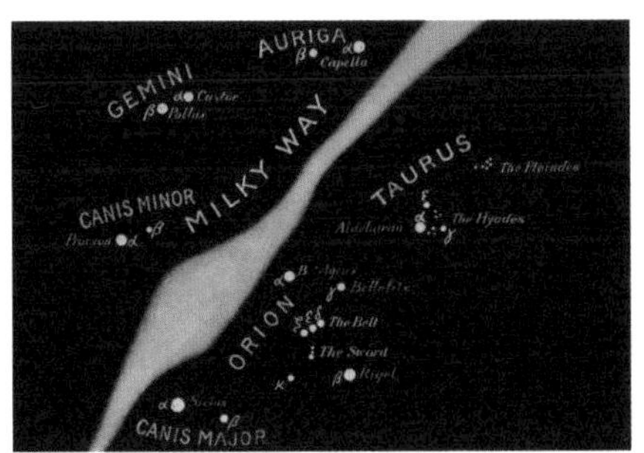

然而，一些有影响力的呼声认为这个“岛宇宙”(island U.) 理论是错误的。他们指出可以通过强大的望远镜看到的神秘“螺旋星云”。它有微弱模糊的光点，有时具有风车状的结构。传统观点认为，这些螺旋可能是处于不同形成阶段的新恒星和“太阳系”。但怀疑者指出，如果是这样的话，我们可以期望它们在银河系平面内有与现有恒星相似的分布。但实际上大部分螺旋星云是在那些相对稀疏的天空区域被发现的，在那里我们的视线穿过星星的散射进入太空空洞的深处。那么，也许这些是和我们一样的星系，距离我们有几百万光年远？

这场所谓的“大辩论”在天文学中酝酿了几十年，直到 1925 年终于有了突破。爱德文·哈勃使用在加利福尼亚威尔逊山（Mount Wilson）建造的新巨型望远镜拍摄了一些照片。这些照片将一些更大更亮的螺旋分解成单个恒星。此外，他还发现了一些表观亮度有规律波动的恒星。

C

A

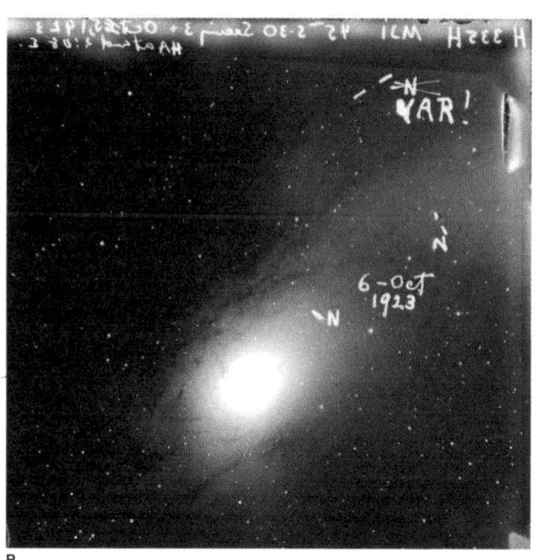

B

几年前，美国天文学家亨丽爱塔·斯万·勒维特（Henrietta Swan Leavitt，1868—1921）成功地发现了一类被称为造父变星的特殊脉动恒星。其亮度变化的周期与恒星的本征光度直接相关。在确认了他发现的螺旋星云中的造父变星后，哈勃能够计算出它们的真实亮度，从而得到它们与地球的距离。他第一次证实了螺旋星云和相关星云本身确实是星系。

此外，由于绝大多数星系太暗太远，以至于无法分辨其中的任何独立恒星，因此很明显，宇宙必然向各个方向延伸了数亿甚至数十亿光年。

从哥白尼革命到哈勃的突破，宇宙（U.）的规模和空间本身已经从几千千米扩大到几十亿光年。在同样的探索之旅中，我们所在星球的地位从万物的中心下降到围绕着一颗无足轻重的恒星旋转的微小石块。这颗无足轻重的恒星只是银河系中 2000 亿或更多颗恒星中的一颗，而银河系本身也可能是上万亿个星系中的一个。稍后我们将会看到，即使是这种宇宙的观点，也可能只是对整体的一瞥。但就目前而言，我们足以理解到太空是一个巨大的三维空间，它可以延伸到我们所能看到的范围之外。

那么，“太空是否有形状？”究竟意味着什么呢？

造父变星（cepheids）
这些变星是脉动的“黄色超级巨星”，以它们的原型“造父一”（仙王座北部的一颗星，国王）命名。造父变星越亮，它的变化周期就越长。

光速（speed of light）
光和其他电磁波在真空中传播的速度，相当于每秒299792千米，通常用字母“c”表示。根据爱因斯坦的狭义相对论，光速是固定的，与光源和观测者的相对运动无关，它代表了宇宙中最快的速度，因为任何有质量的物体都无法赶得上它。

A 在加州威尔逊山天文台工作的爱德文·哈勃使用世界上最大的望远镜来识别遥远星系中的单个恒星。
B 哈勃的一张带了注释的相机底片。它标明了仙女座星系（Andromeda Galaxy）造父变星的位置。仙女座星系是离我们最近的大星系邻居，距离我们大约250万光年。
C 阿尔伯特·爱因斯坦的《苏黎世笔记本》（*Zurich Notebook*）中的几页手稿描绘了他对广义相对论基本思想的早期构想。

这是贯穿本书的问题，它的出现是因为我们之前的描述中缺少了一些重要的东西：空间毕竟不是一个那么有序的三维网络。相反，它是有延展性的，即看起来直的垂线可以在不同的尺度上挤在一起或分开。这取决于许多因素，其中最重要的因素是大量存在的物质。这一发现是20世纪初另一项重大突破的核心。

爱因斯坦的相对论理论于19世纪后期提出，它起源于围绕着明显固定的光速的物理学争论。几个世纪以来，世人皆知光以惊人的速度传播，因此，难怪人们很难察觉预期中的速度差异。因为光源与其观测者的相对运动，光速可能会有每秒几米甚至几千米的变化而被轻易忽略。这是由于光速本身比这个变化量大很多个数量级。但是随着物理学家开发出越来越精确的光速测量方法，他们自信应该有可能测出由光源和探测器的相对运动引起的光速差异，就像他们探测其他类型的波一样。

C
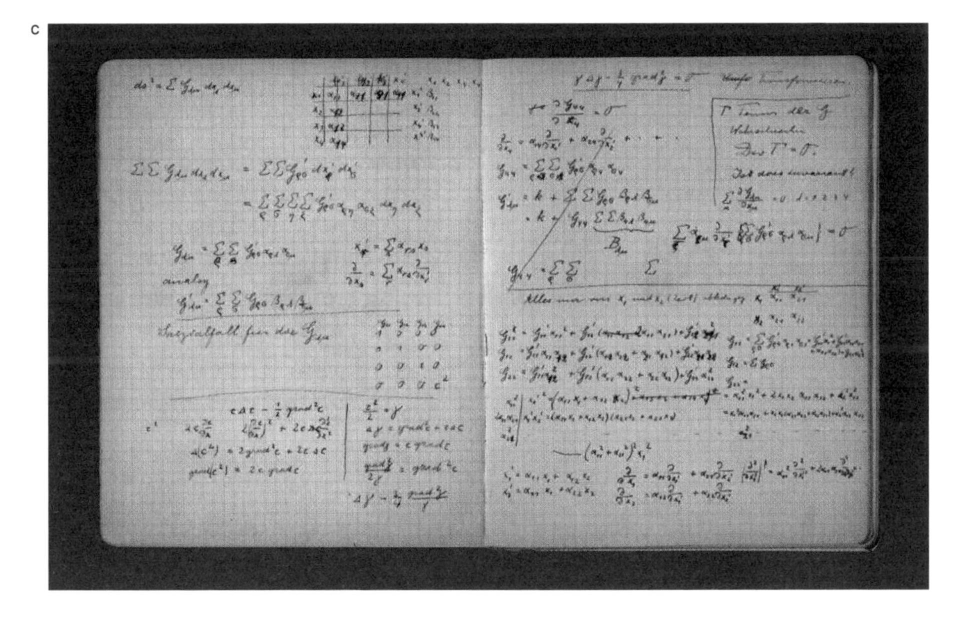

A

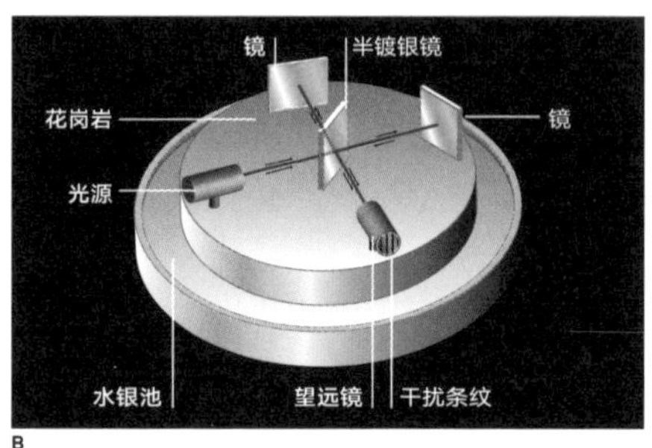

B

A　迈克尔逊和莫雷搭建的实验平台，现位于俄亥俄州克里夫兰凯斯西储大学（Case Western Reserve University）的地下室。这种超灵敏的装置位于漂浮于水银中的混凝土板上，从而将它与振动和其他随机运动隔离开来。

B　这项实验基于干涉测量原理。一面半镀银的镜子把一束窄光束分成两半。这面镜子把分开的两束光束射到两条相互垂直的路径上。光束在目镜重新组合之前，于镜子之间来回反射。当它们的光波在某些地方增强而在另一些地方抵消时，会产生干涉图案。如果光速沿着不同的路径有变化（如果光是由地球赖以运动的以太传播的话，这是可以预料的），那么干涉图样应该会随着时间而变化。

但是没有出现那样的差异。无论光源是移向还是移离探测器，光速都稳定地保持在每秒 299792 千米。1887 年，美国科学家阿尔伯特·迈克尔逊（Albert Michelson，1852—1931）和爱德华·莫雷（Edward Morley，1838—1923）设计了迄今为止探测光速变化最复杂的实验。当实验失败时，物理学陷入了危机。

1905 年，不成功的学者阿尔伯特·爱因斯坦以一系列革命性的科学论文走出了困境。这些论文提出一个大胆的解决方案，即接受光速固定的证据，并相应地重写物理学的其余部分。由此产生的“狭义相对论”理论表明，日常现象基本上保持不变。只有当物体和观测者间的相对运动速度接近光速

阿尔伯特·爱因斯坦（Albert Einstein，1879—1955）典型的天才物理学家，爱因斯坦在专利局工作时写下一系列科学论文。在1905这个奇迹之年，这些论文彻底改变了物理学。他的狭义相对论和广义相对论仍然是我们对宏观宇宙（U.）的最好描述。

相对论（relativistic）与光速相当的运动或速度。

C 这幅闵可夫斯基图是个早期的例子，由爱因斯坦的前导师所画，用来解释狭义相对论的奇特效应。蓝绿色线显示了当物体接近光速时，原来相互垂直的长度（水平）和时间（垂直）轴是如何变得“倾斜”的。从外部观测者的角度来看，这导致时间走得更慢和时长收缩。

D “光锥”空间的维度为二维的平面（S），此平面的垂直轴为时间（T）。从物体上展开的上锥体（A）定义了物体发出的光和造成的影响最终可以到达的区域。到达物体当前位置的下锥体（B）定义了可以从物体检测到并因此影响物体的时空区域。

时，奇怪的效应才会出现。然而，在这种极端情况下，奇怪的效应包括物体在行进方向上变得越来越短，感觉时间流动得越来越慢（在依赖快速移动卫星和高精度原子钟的卫星导航系统中，人们需要考虑到这种现象）。

爱因斯坦的前导师赫尔曼·闵可夫斯基（Herman Minkowski，1864—1909）是第一批欣然接受相对论革命的人之一，也是第一批想出以一种全新的方式来看待这种情况的人。他认为，我们应该视时间为与三个空间维度紧密相连的另一个维度（并在某种程度上与它们“呈直角”）。狭义相对论的效应可以用相对论运动中物体周围维度的扭曲或旋转来描述。在维度的变化中，距离的缩短和时间的延长有效地相互“权衡”。

D

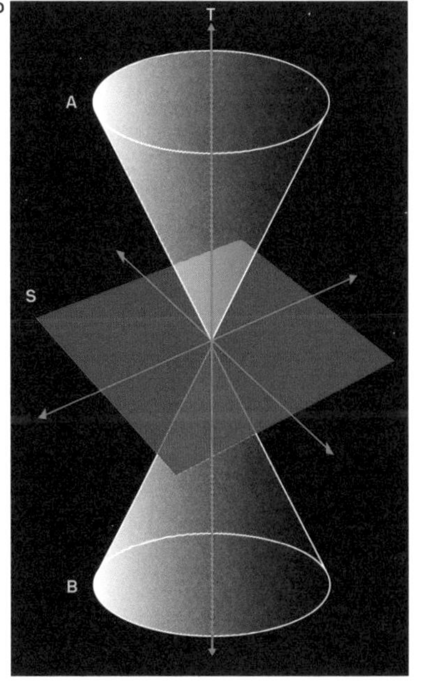

C

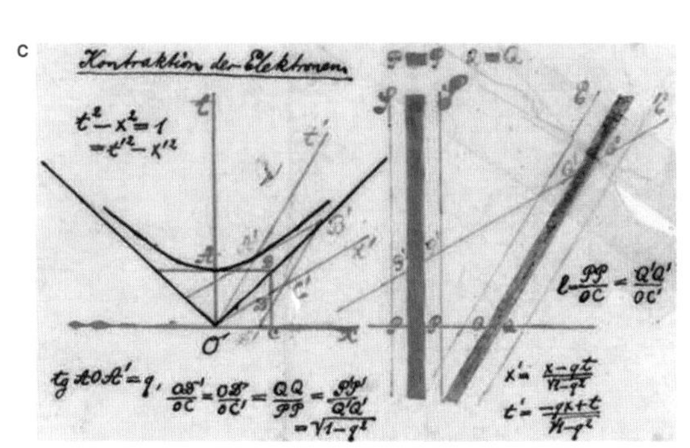

闵可夫斯基提出一个灵活的四维“时空流形”(spacetime manifold)。在这个流形中，维度可以弯曲、压缩和拉伸。他的这个想法被证明是非常强大的，因此爱因斯坦把它作为自己 1915 年广义相对论的核心。这一理论是爱因斯坦的引力和加速度模型。爱因斯坦意识到，这两者是相似的：不可能将发生在引力场之外，由火箭发动机加速的宇宙飞船上的物理过程，与静止在行星表面并受重力作用的同一艘宇宙飞船上的物理过程区分开来。爱因斯坦意识到，这种相似性是因为引力是通过时空变形来起作用的。大质量的星体有效地使空间的尺寸稍微偏离理想的垂直排列，这导致物体向它们掉落（极其密实的质量也能够影响时间）。

那么，这就是空间是如何拥有形状的：我们的宇宙（U.）充满了物质，而物质的质量会使时空线弯曲变形。

过去的几十年里，天文学家已经通过一种被称为**引力透镜**的惊人效应，看到这种现象在起作用。这种效应影响了单个恒星和 1000 万光年宽的星系团的光线。那么，为什么它不应该发生在这其中最大的尺度上呢？在这个尺度上，宇宙（U.）中所有物质的质量使时空围绕它发生弯曲。

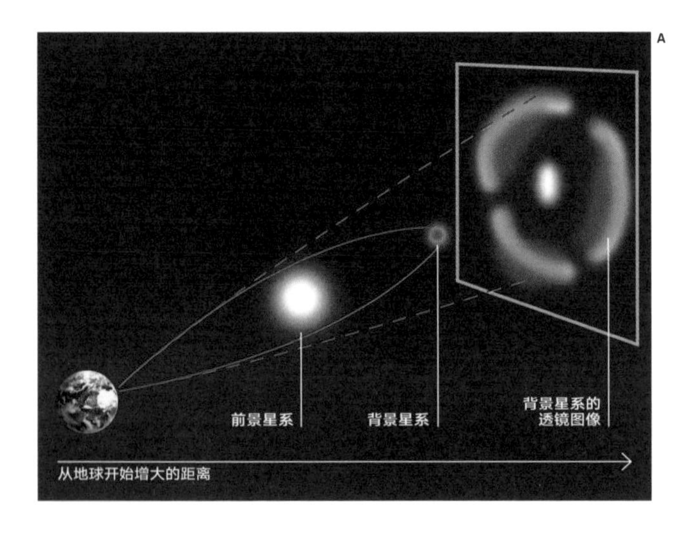

A　在引力透镜效应中，更近的大质量物体周围变形的时空把从更远的物体发出的光线偏转到指向地球的新路径上。从观测者的角度来看，透镜物体上出现了前景物体周围的扭曲环。

B　这个透镜星系画集是用哈勃太空望远镜观测到的。透镜效应的形状和强度的变化，揭示了前景物体的质量分布。

C　这些重力透镜的特写镜头是由哈勃太空望远镜上的暗天体照相机拍摄的。

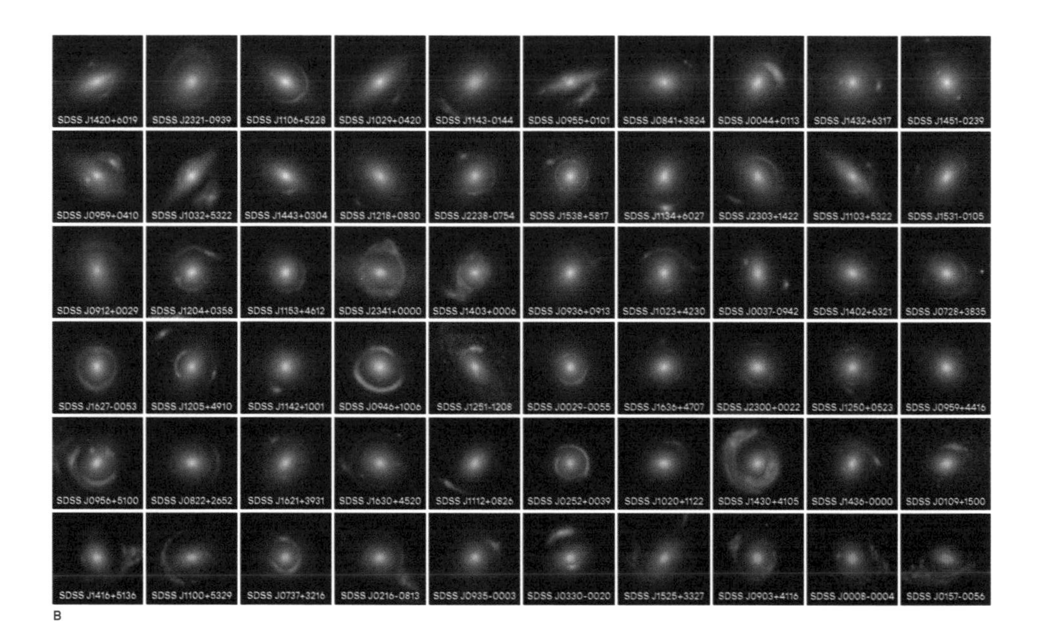

B

引力透镜（gravitational lensing）远距离物体的扭曲图像。物体的光线穿过巨大物体周围的扭曲时空，最终来到我们的视线上形成图像。

那么，关键问题是实际需要多少质量去弯曲空间，这个质量与宇宙（U.）中实际存在的质量相比如何，太空会被弯曲成什么形状？然而，我们在解决这些问题之前，有一个非常重要的因素需要考虑：我们的宇宙（U.）不是静止的，而是不断膨胀的。

C

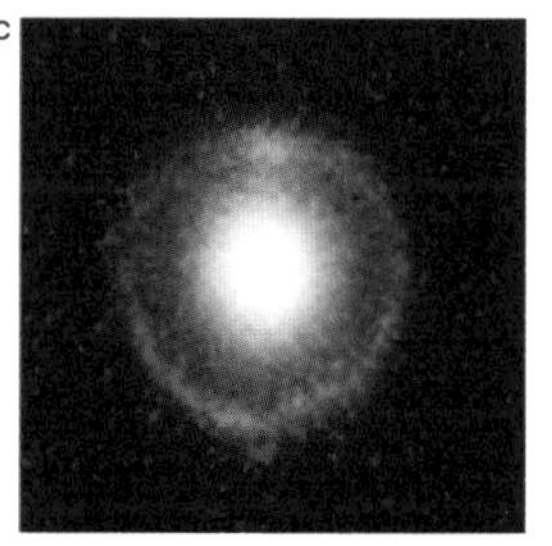

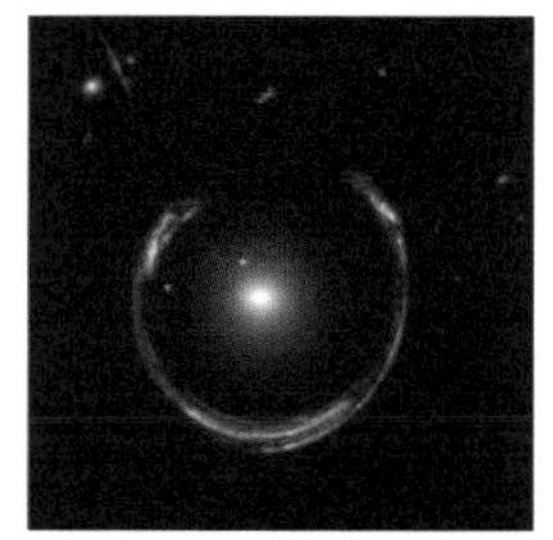

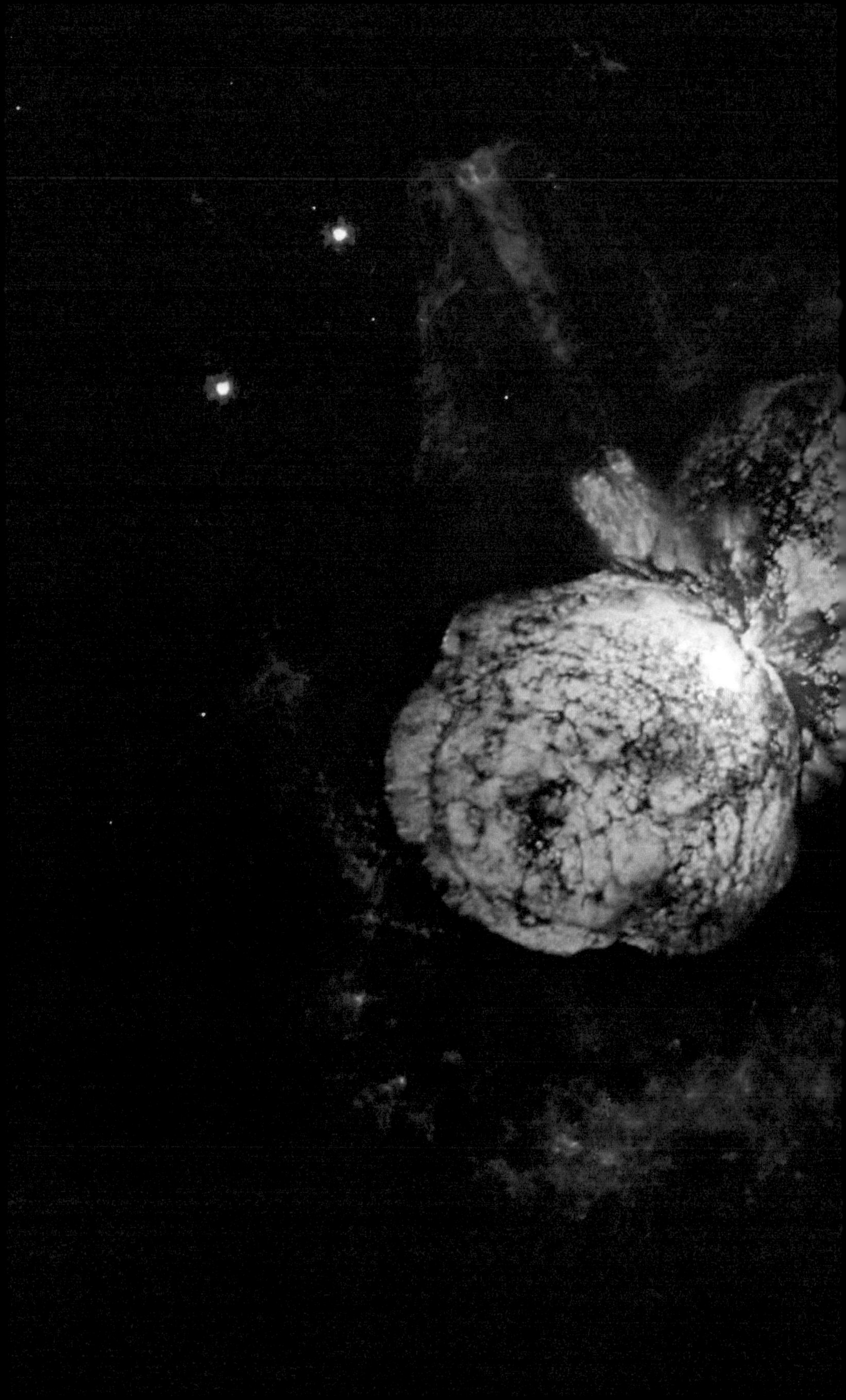

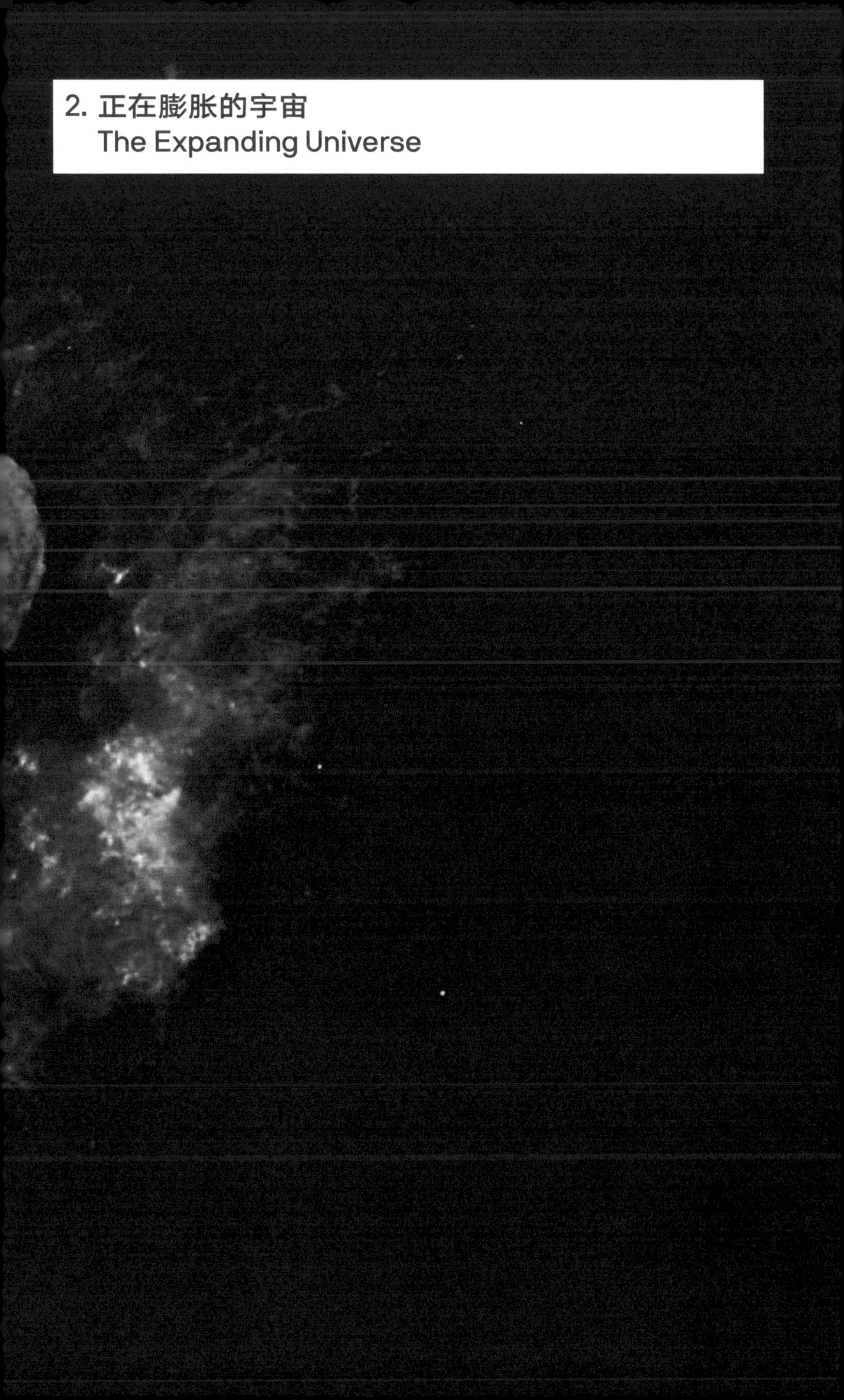

2. 正在膨胀的宇宙
The Expanding Universe

A

我们的宇宙（U.）正在膨胀的事实完全改变了解决空间形状问题的基本规则。

因为随着时间的推移，物质和质量的浓缩程度变得越来越低。同时在大多数模型中，物质和质量弯曲周围空间的能力也在下降。那么我们怎么知道宇宙真的在膨胀，以及宇宙为何膨胀呢？

维斯托·斯里弗（Vesto Slipher，1875—1969）这位美国天文学家率先使用光谱来测量星系的运动，并研究行星的大气和旋转。

艾萨克·牛顿（Isaac Newton，1643—1727）今天，牛顿以其描述过的物理现象（如弹道和行星轨道的运动定律）、提出的万有引力定律以及发明的微积分而闻名。

棱镜（prism）一块楔形的光学玻璃，它将不同波长的光偏转到不同的路径上。

光谱（spectrum）根据光线的波长和颜色，通过沿稍微不同的路径传播或衍射光线而产生的光带。

波长（wavelength）波的连续波峰或波谷之间的距离。

甚至在爱德文·哈勃于 1925 年证实我们所在星系以外的星系存在之前，人们就已经确定了宇宙膨胀的第一个也是最重要的证据。早在 1912 年，维斯托·斯里弗在弗拉格斯塔夫（亚利桑那州）就开始对天空中神秘的“螺旋星云”进行研究。

斯里弗用一种叫作摄谱仪（spectrograph）的光学设备分析了这些遥远的物体，摄谱仪根据波长或颜色将望远镜收集的微弱光线分解。艾萨克·牛顿在 17 世纪 60 年代已经证明这种分解光的原理。当时他将一束看似白色的窄光束通过玻璃棱镜，之后白光就形成了彩虹般的光谱。

大多数自然光同样由许多不同颜色的光组成（物体对不同波长光线的发射或反射不同，最终引起物体整体颜色的变化）。这里所指的自然光包括来自所有恒星的光。然而，恒星发出的光非常微弱，以至于即使望远镜能收集到这些光，也不可能收集到足够多的光来产生可见的恒星光谱。直到 19 世纪中叶，得益于照相底片的发明，这种情况才得以改变。照相底片可以在数分钟甚至数小时内吸收微弱的弥散光线来捕捉珍贵的信息。

A Arp 274 似乎是一个紧密相连、相互作用的星系群，但实际上其中央星系离开地球的速度要比其他星系快得多，因此距离地球就更远了。

B 艾萨克·牛顿在其著作《光学》（*Opticks*，1704）中解释了光的关键特性，包括反射、折射以及白光中存在不同色光。

B

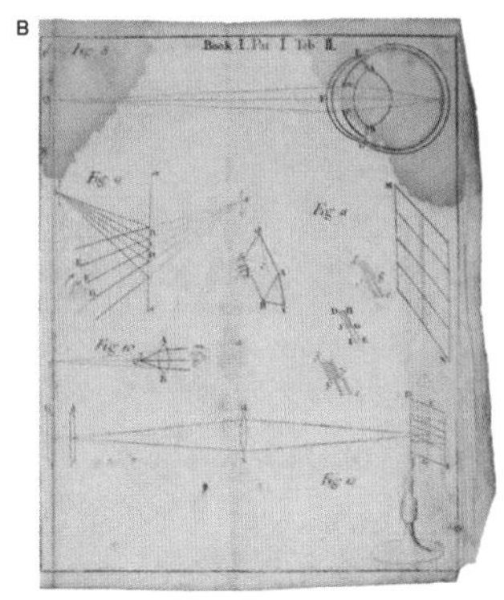

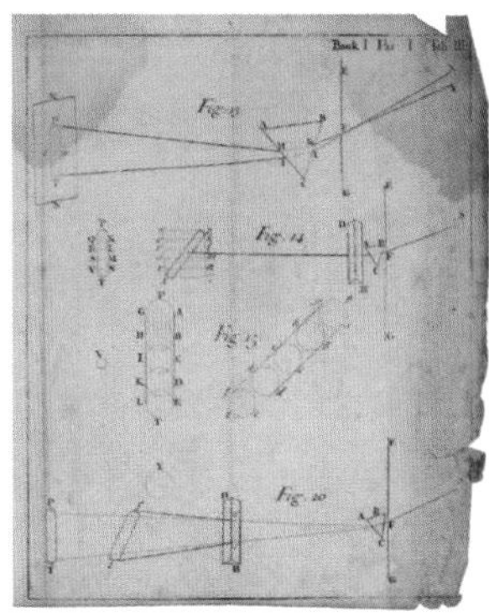

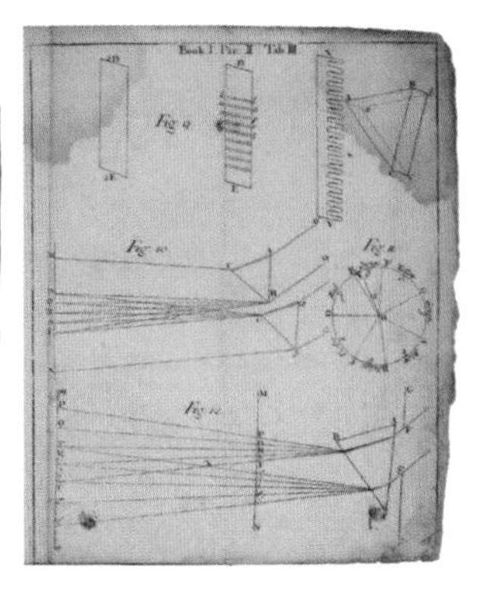

A

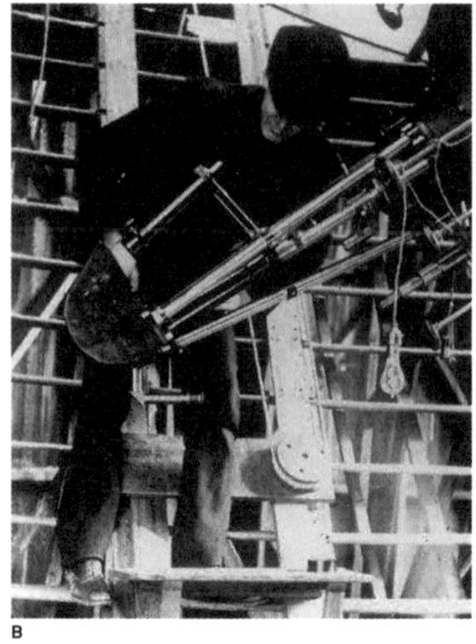

B

A　商人兼业余天文学家帕西瓦尔·洛厄尔（Percival Lowell）于 1894 年在弗拉格斯塔夫（亚利桑那州）建造了洛厄尔天文台（Lowell Observatory）。

B　维斯托·斯里弗只是众多被吸引到洛厄尔天文台工作的、才华横溢的天文学家之一。

C　三颗不同恒星的光谱：一颗是炽热的蓝巨星，一颗是类太阳恒星，还有一颗是寒冷、昏暗的褐矮星。差异不仅影响每颗恒星光线中的关键颜色，还影响大气中元素产生的暗吸收线。

D　我们自己的恒星——太阳的详细光谱。

斯里弗的摄谱仪与牛顿棱镜原理相同。摄谱仪从螺旋星云微弱的光线中得到光谱，然后用照片记录光谱。这带来了一些重要的发现。星云的光形成类似恒星的光谱这一事实非常有意思。因为它表明星云不仅仅是发光的星际气体云（其他更明显的气体星云是已知的，但是它们只发射特定波长的光，类似于实验室实验中燃烧元素所释放的光）。相反，螺旋星云似乎是由数不清的单个恒星形成的，大概是因为它们太远了，无法与模糊的一团区分开。

然而，星系不发光的区域同样重要。就像太阳和其他恒星的光谱，星云发出的光在某些特定的波长上消失了。这就在光谱的某些部分产生了暗线。

19 世纪中期，天文学家意识到这些线是由恒星高层大气层中的气体原子吸收来自下方的光造成的。此外，他们还认识到特定的元素吸收特定的颜色。因此，恒星的“吸收线”（absorption lines）可以被当作化学指纹来识别它所包含的元素。

光谱线的发现开辟了一种分析恒星在空间中运动方式的新方法。

当然，所有的恒星都在运动。除非经过多年，否则它们在天空中漂移时的“自行”运动是难以察觉的。而且即便如此，也只有通过视差精确测量我们到恒星的距离后才能知晓。然而，如果一颗恒星在做“径向”运动，沿着我们的视线向我们靠近或远离我们，人们还有另一种称为多普勒效应的方法来测量非常小的运动速率。

C

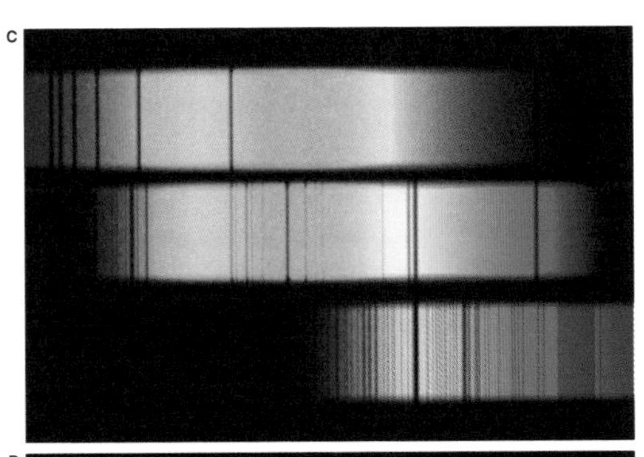

D

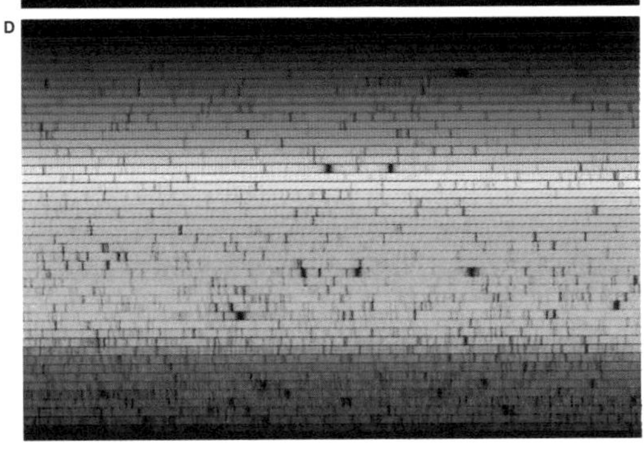

星云（nebula） 拉丁语中“云”的意思，星云是描述天空中任何模糊的、非恒星物体的传统天文术语。许多曾经被归类为星云的物体现在已经被人们认为是遥远的星系。如今这个术语更严格地用来描述星际气体和尘埃云。

大气层（atmosphere） 恒星自始至终是个巨大的气体球。所以从恒星的角度来看，大气层是覆盖在可见发光表面（本身被称为光球）上的透明外层。

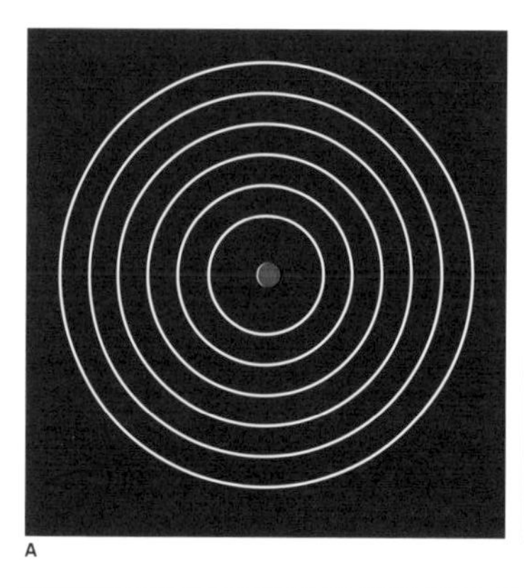
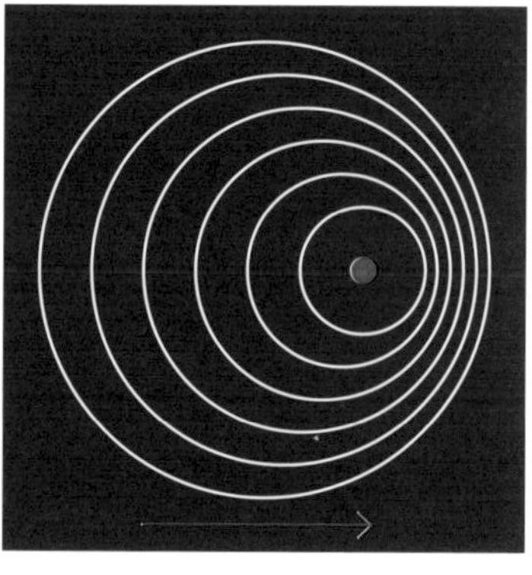

A

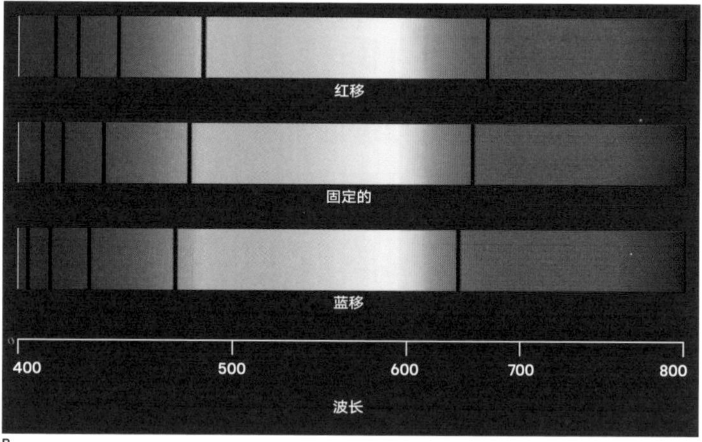

B

A　一种对多普勒偏移的理解如下：一个静态光源（左）发出的光在所有方向上是均匀分布的。如果光源在移动，波前在运动方向上被压缩（缩短）；在相反方向上，则是扩展（延长）。

B　虽然恒星或星系由于红移和蓝移产生的总光输出差异通常难以察觉，也难以被量化，但精确界定的吸收线位置的变化更容易被识别和测量，揭示着物体相对于地球运动的径向速度。

C　不稳定的巨星船底座伊塔星（Eta Carinae）一直被认为是一颗单独巨星。直到其光谱线的变化揭示出它实际上是一对紧密结合的双星，其质量分别约为 50 个和 100 多个太阳。

奥地利物理学家克里斯蒂安·多普勒（Christian Doppler，1803—1853）在 1842 年首次预测到这种效应。这种效应在今天最广为人知的体现是当一辆警笛呼啸的紧急车辆从我们身边驶过时，我们听到的音调会有变化。它的产生是因为当声源向我们移动，声源发出的波（如警报器发出的声波）会以更高的频率到达我们这里（因此测量的波长更短）。相比之下，当声源朝离开我们的方向移动时，频率更低，波长更长。尽管光速本身是恒定的，但类似的效应会改变星光的颜色。因此当一颗恒星向我们移动时，它的光看起来比正常情况下更蓝（波长更短）。如果它朝离开我们的方向运动，它的光看起来比正常情况下更红（波长更长）。

然而，只有在我们有办法知道一个光源（比如一颗恒星）在其初始位置（如果它没有径向移动的话）应该是什么颜色的情况下，多普勒效应才是有用的。这就是吸收线的来源：虽然恒星的颜色变化很大，但与特定元素相关的暗线的准确图案被锁定在特定的波长上。如果该图案不正确，向光谱的红色或蓝色端偏移，这一定是由于多普勒效应。

测量星光中所谓的蓝移和红移是对恒星理解的一次巨大飞跃。它证实了我们天空中许多紧密排列的恒星实际上是在围绕彼此的轨道上。它也揭示了表面上“摆动”和分裂的单个恒星，实际上是紧密结合的双星。今天，同一基本方法的尖端手段揭示了很多恒星的一个特征：巨大行星围绕着这些恒星运动，前者的质量足以使这些恒星轻微地摆动。

c

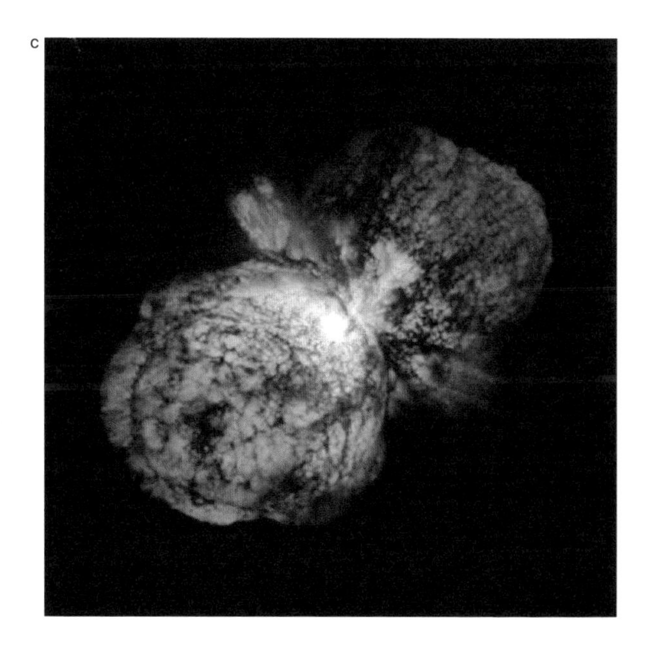

双星（binary）由两个在相互环绕轨道上运动的恒星所组成的系统。我们星系中的大多数恒星是双星系统或更复杂的多星系统的成员——我们的太阳是单星。我们星系中，单星占少数。

A

B

然而，对斯里弗来说，螺旋星云的多普勒偏移带来了一些困惑：它们不仅普遍比迄今在恒星间探测到的任何偏移要大，而且都是红移。这表明星云正在远离地球。

亚瑟·爱丁顿（Arthur Eddington，1882—1944）这位英国天体物理学家在理解恒星运动方面取得了许多重要突破。他是第一位成功模拟恒星内部作用力，认识到恒星质量和能量输出之间关系的人。

A 仙女座星系的外形使人们很容易理解一些天文学家为何怀疑螺旋星云可能是正在形成的太阳系。

B 然而，人们很难解释许多螺旋星云的棒状中心区域为新生的太阳。

C 1919 年，亚瑟·爱丁顿在探险中拍摄了这两张日食的照片。其目的是测量太阳附近恒星的位置。

斯里弗和其他人相信，因为星云运动速度快，星云与银河系不可能跟普通恒星与银河系间关联的方式一样。大多数恒星的多普勒偏移朝向或远离地球，运动速度以米/秒为单位，而星云正以每秒数百千米的速度远离——该速度足以摆脱银河系的引力吗？

如果这些是正在形成的恒星或太阳系，为什么它们都以如此高的速度运动？即使你能找到一个解释，那为什么没有对等的蓝移星云高速地向我们移动？

c

斯里弗认为红移针对的是一些螺旋星云，这些星云是远离我们自己星系的独立系统。但过了几年，哈勃才证实了这一点。与此同时，我们通过爱因斯坦广义相对论，对空间本质的理解有了一次革命性的变化。

爱因斯坦的研究于第一次世界大战期间发表在一份德国科学杂志上。但是它在很大程度上被世界忽视了，直到受人们尊敬的天体物理学家亚瑟·爱丁顿声援他的工作。1919 年，爱丁顿带领一支探险队在非洲西海岸的普林西普（Principe）岛观测日全食。他在那里测量了恒星靠近太阳的位置变化，即前面所描述的“引力透镜”效应。许多理论物理学家此时开始检视爱因斯坦研究成果的意义，并开始探究一些具体的问题。

如果像广义相对论所表明的并像引力透镜所显然证明的那样，大质量的存在扭曲了空间本身，那么为什么宇宙（U.）不自己坍缩呢？当时，天文学家普遍认为宇宙（U.）在大小上是静态的，在寿命上是永恒的。所以如果相对论是正确的，在很久以前的一场灾难性的危机中引力曾将所有的物质、空间和时间拉在一起吗？

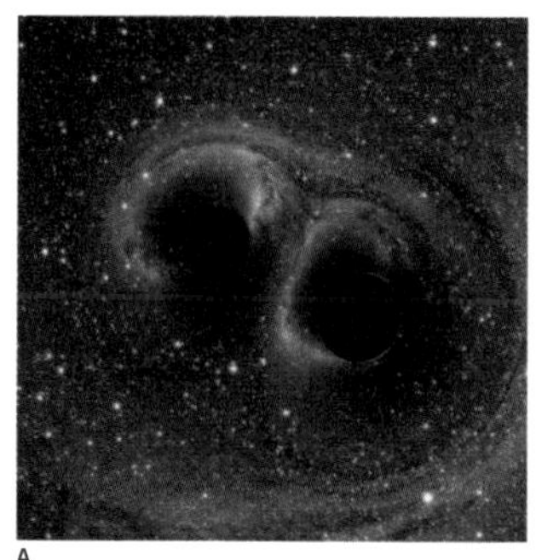

A

为了解决这个难题，爱因斯坦在他的“场方程”中增加了一个额外的项——在广义相对论中，这个数学模型给重力、质量和弯曲时空之间的关系加上了数字。这里的数字称为“宇宙常数”（cosmological constant），它产生一个恒定的负压来对抗引力，确保时空尺度保持不变。爱因斯坦后来称这个想法是他最大的错误——他没能活着看到它在 20 世纪末出人意料地复活，成为神秘的“暗能量”（dark energy）的一个可能的解释。我们将在第 3 章中提到它。

当宇宙学家开始努力地研究场方程时，他们发现了各种有趣的“解”，这些“解”可以描述特殊情况下的时空。其中的一个“解”是理论上称为奇点的无限密集点，它可能存在于爱因斯坦的宇宙（黑洞的核心）中。另一个是亚历山大·弗里德曼在 1922 年首次提出的认识，即场方程考虑到了宇宙膨胀，在这种情况下，“宇宙常数”可以完全去掉。

黑洞（black hole）一种无限密集的质量集中体，具有很大的引力，能吸引任何离它过近的游荡物并且不允许光线逃逸。

亚历山大·弗里德曼（Alexander Friedmann， 1888—1925**）**这位俄罗斯数学家和物理学家想出了在广义相对论中描述空间形状的方程。方程仍然和人们观测到的宇宙（U.）特征一致。

乔治·勒梅特（Georges Lemaitre， 1894—1966**）**比利时天文学家，通常被认为是大爆炸理论的创始人。他在哈勃发现之前，预言了现在被称为哈勃定律的关系。他支持膨胀宇宙（U.），这起初使他与爱因斯坦有了冲突。爱因斯坦提出了众所周知的指责：“你的计算是正确的，但是你的物理学是糟糕的。”

弗里德曼的发现在当时只不过被视为一种突发奇想（科学理论的黄金法则是使理论尽可能简单，除非有证据表明需要一种新的方法，弗里德曼认为没有办法证明他的想法）。然而，几年后的 1927 年，乔治·勒梅特以更大的成功让这个话题重开。他从爱因斯坦的方程中得出了同样的结论，并认为会有一个观测结果：我们在太空中看得越远，事物离开我们的速度就越快。

这并不是因为我们的星系在某种程度上格外地不受欢迎，而是因为星系分散在不断扩大的空间中，就像蛋糕混合物中的葡萄干。星系运动将仅仅是那普遍的膨胀的自然结果。假设空间的每一光年或秒差距都在以均匀的速度伸展，那么我们看得越远，探测到的伸展效果就越大。

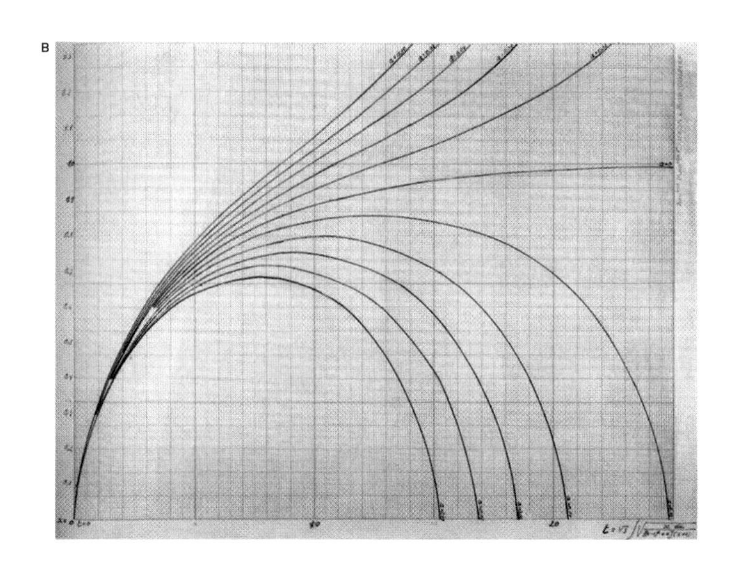

A　计算机仿真序列显示了黑洞如何扭曲其周围的时空。光线经过时，会产生异常的引力透镜效应。这三幅图像模拟了一对恒星质量黑洞的接近和合并。

B　乔治·勒梅特绘制爱因斯坦 1927 年论文中场方程的各种可能解。每一个解都对应着时空演变和宇宙（U.）自身未来的不同结果。

一个通俗的类比是把星系想象成气球表面的点——气球膨胀时，每个点随着点之间的间隙扩大而远离所有其他的点。这些点中，间距最大的点之间的距离扩大得最快。

这正是哈勃在 1929 年对星系进行初步研究时发现的效果。他根据造父变星恒星的亮度对星系距离进行了估计，并将其与同事米尔顿·赫马森（Milton Humason，1891—1972）获得的相同星系红移的新测量值进行了比较。最终的图表数据虽有误差，但显示了星系距离和红移清晰的关系。

哈勃的测量只表明了非常宽泛的关系。星系运动也受到附近其他星系引力的影响，这为红移随距离增加的精确速率的不同估计（这个因子现在被称为哈勃常数）留下了足够的空间。

A　1931 年，米尔顿·赫马森（左一）和爱德文·哈勃（左二）在威尔逊山天文台图书馆与来访的爱因斯坦合影。

B　哈勃 1929 年的图表显示了红移与被测星系的估计距离间的关系。距离以“百万秒差距”（megaparsecs，Mpc）为单位（1 Mpc = 3.26 百万光年）。

C　到 1931 年，哈勃和赫马森已经扩展他们的图表以包含更远的星系。

D　这张邻近宇宙（U.）大比例尺星系的分布图采用了斯隆数字巡天探测中心的数据。为了编辑地图，天文学家使用红移作为距离的直接指示器。沿中心轴的数字表示“z”，即红移程度与最初发射光的波长的比值。

A

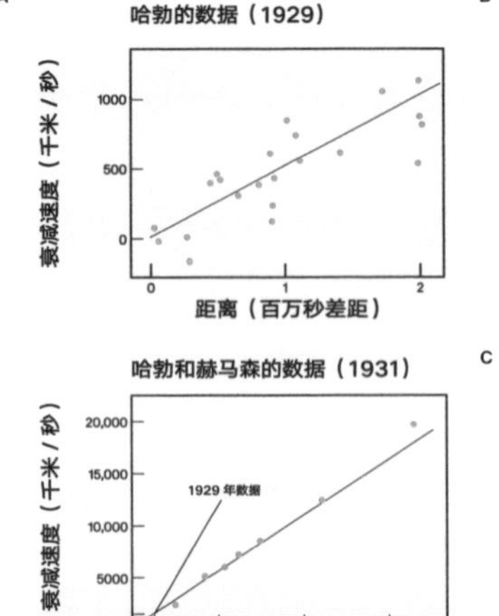

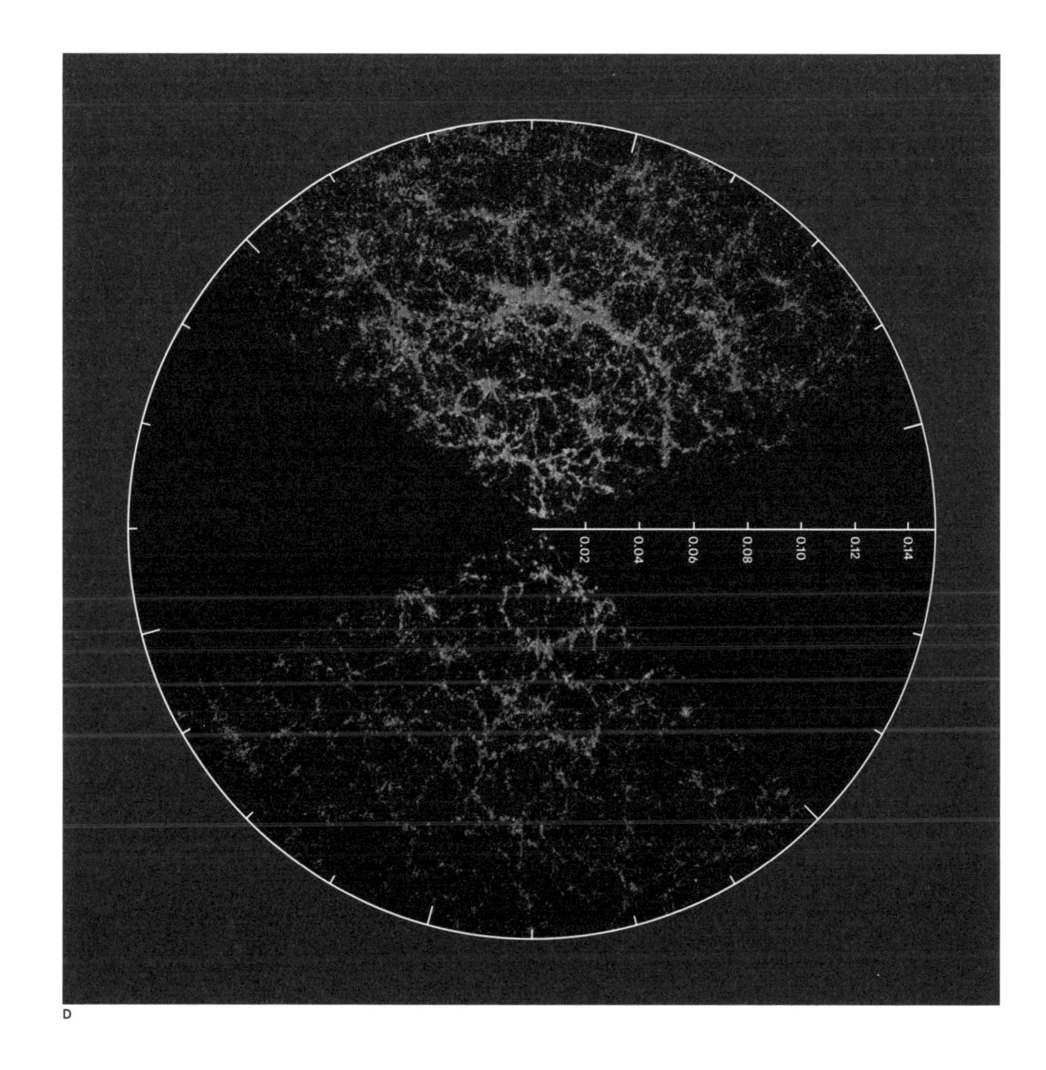

D

然而，正如我们在第 1 章中看到的恒星光谱一样，一旦建立了关系，就很容易反过来应用它。天文学家相信红移和距离是联系在一起的，他们可以摆脱哈勃变星方法的束缚（本质上受限于我们只能探测最近星系中的单个恒星），并用红移本身作为距离的指标。甚至没有必要用光年来计算距离数值。你可以只用红移来绘制星系的分布图（在这样的方程中，用字母“z”来表示红移）。

高度灵敏的摄谱仪收集数百万个星系的光线，并绘制它们在空间中的方向以及红移，以生成物质分布的三维图表。现在的大比例尺宇宙地图就是这样制成的。

A

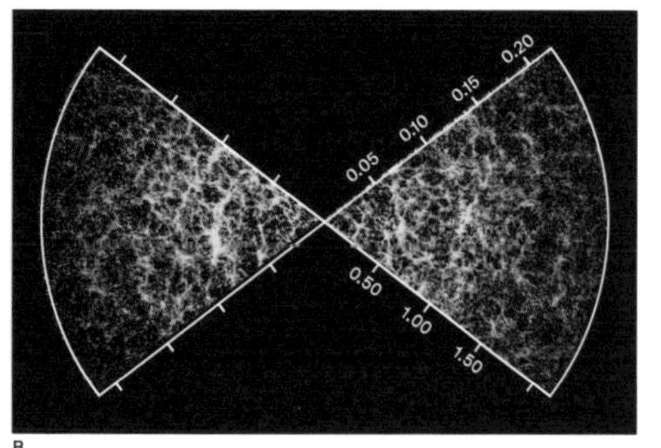

B

第一张这样绘制的图表是在 20 世纪 70 年代编成的。它展示了一幅令人意想不到的画面，后续的调查进一步证实了这一点，即宇宙中的物质是块状分布的。20 世纪 20 年代，人们互相协作认识到星系的真实性质，同时也意识到这些物体如此巨大，以至于它们的引力将它们聚集成有几十个到一千多个成员的星系团，但是这些调查显示星系团本身聚集成了巨大的超星系团。

A　20 世纪 80 年代在哈佛工作的天文学家，首先发现星系在称为纤维状结构和空洞的大规模结构中的不均匀分布。

B　星系长城是一片 3 亿光年外的星系超星系团。它的尺寸约为 2 亿 ×6 亿光年，是已知宇宙（U.）中最大的结构之一。

C　“楔形”地图只显示狭窄平面上的星系，而这张来自 2 微米全天巡天观测的星图显示了星系在天空中的分布（注意银河系的蓝色带是如何阻挡我们在某些方向的视线的）。

星系团（galaxy cluster）在某空间体积内，由引力绑定在一起的一群星系，通常，星系团的范围约一千万光年。

超星系团（supercluster）一个大约一亿光年长的星系网络，包含许多独立的星系团。超星系团通过引力结合在一起，但是它们的一般形状和分布被认为是由大爆炸期间物质浓度的变化引起的。

此外，即使是超星系团也排列成数亿光年长的结构。人们给这种结构起了令人回味的名字，如火柴人和长城。大尺度的宇宙（U.）由星系超星系团的链和片组成，统称为纤维状结构（filaments）。纤维状结构围绕着被称为空洞的巨大而明显空白的区域。我们将在第 3 章中看到让天文学家来解释这一点为何是个巨大的挑战。

令人惊讶的是，从哈勃发现的红移模式到人们普遍接受勒梅特的膨胀宇宙（U.）的最后一跳并不简单。哈勃发现，如果他从任何看似合理的现代膨胀率向后推算多长时间前所有东西都可能位于空间的一个点，即一个可能的宇宙原点，那么答案表明宇宙“只有”20 亿到 30 亿年的历史。这是不正确的，因为此时地质学家已经估计地球本身的年龄超过 40 亿岁。

我们的星球怎么可能比宇宙还要古老？

c

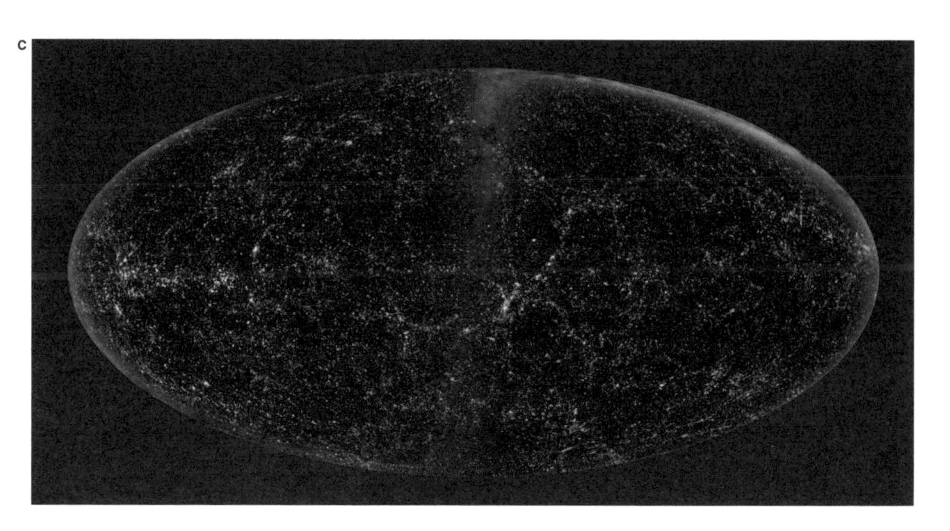

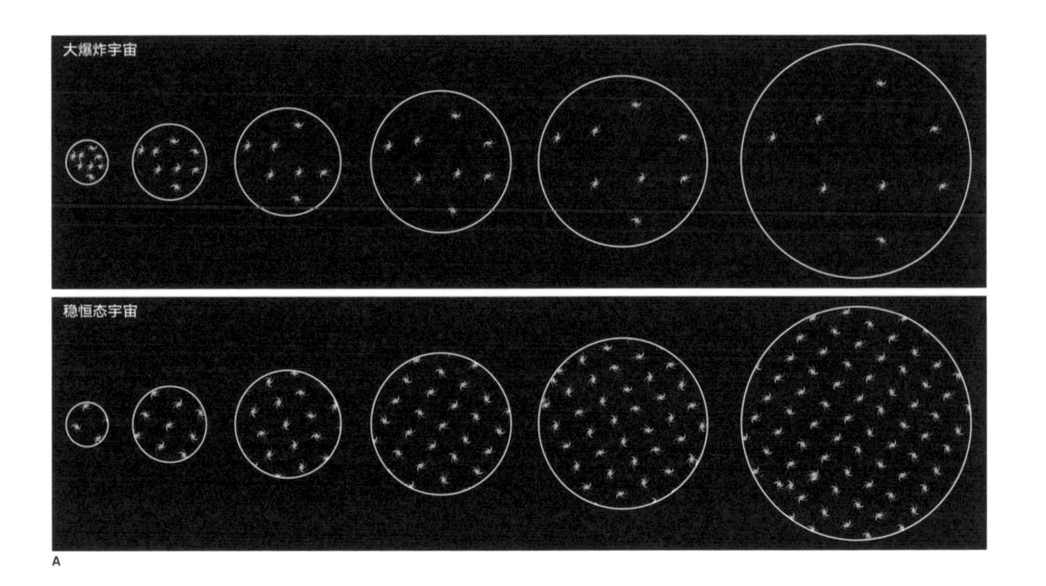

A

因此，哈勃预想会有人找到红移的其他原因。真正的解释直到 20 世纪 30 年代才变得清晰起来，因为天文学家们证实，实际上有两种不同类型的造父变星类的变量：真正的造父变星和本质上较暗但在其他方面相似的天琴座 RR 恒星。哈勃的许多测量使用了后一种类型而导致他夸大了哈勃常数。

尽管哈勃怀疑勒梅特的理论，但勒梅特仍然对他自己的理论充满信心。并且，在 1931 年，勒梅特通过往回追溯宇宙膨胀而向前迈出了重要的一步。正如空气在自行车打气筒中被压缩时会变热一样，他意识到宇宙在其早期密度较大的状态下，温度一定要高得多。他认为，整个宇宙归根到底一定起源于一个微小、超高温、超致密的“原始原子”。

最初，勒梅特的想法遭到一个天文机构的反对。这个机构认同宇宙（U.）是永恒且实质不变的。例如，弗里德曼接受宇宙（U.）正在膨胀和有高温致密的过去的想法，但他认为宇宙可能是循环的，它会经历膨胀和收缩的交替阶段。

更受欢迎的是几位一流宇宙学家所提出的稳态（steady state）理论。在一些正在进行的过程中，新物质会产生。但随着宇宙的膨胀，这些新物质能确保宇宙密度保持不变。讽刺的是，英国天文学家弗雷德·霍伊尔（Fred Hoyle，1915—2001）正是稳态理论最狂热的支持者之

一。他在 1949 年的一次演讲中，认为勒梅特的想法只是“大爆炸”（Big Bang）。他造了这个新的绰号来诋毁勒梅特的想法。

然而，此时已经取得了两项突破，大爆炸将从几个相互竞争的宇宙模型之中上升到对宇宙过去、现在和未来境况的主要解释。1948 年，拉尔夫·阿尔菲和乌克兰出生的美国人乔治·伽莫夫（George Gamow，1904—1968）证明了物质和能量在早期宇宙中是如何互换的（符合爱因斯坦方程 $E=mc^2$）。

A　在大爆炸宇宙中（上图），星系之间的间隙随着它们之间空间的扩大而逐渐变大。在稳态宇宙（U.）中（下图），物质是连续产生的，所以星系的密度应该大致保持均匀。

B　勒梅特的想法在 20 世纪 30—40 年代越来越受欢迎。在 1949 年英国广播公司的一次广播采访中，弗雷德·霍伊尔令人难忘地将这一理论描述为“大爆炸”。

B

拉尔夫·阿尔菲（Ralph Alpher，1921—2007**）**这位美国宇宙学家和他的博士生导师伽莫夫一起，构建了数学模型来描述大爆炸释放的能量是如何转化为元素的。他的工作被认为如此重要，以至于包括记者在内的 300 多人出席了他博士论文的答辩会。

$E=mc^2$ 爱因斯坦关于质量和能量等价的论述——一个物体所含的能量等于其质量乘以光速的平方。

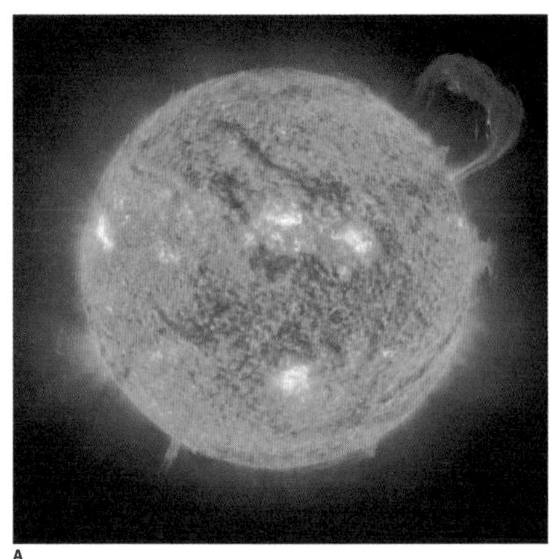

A

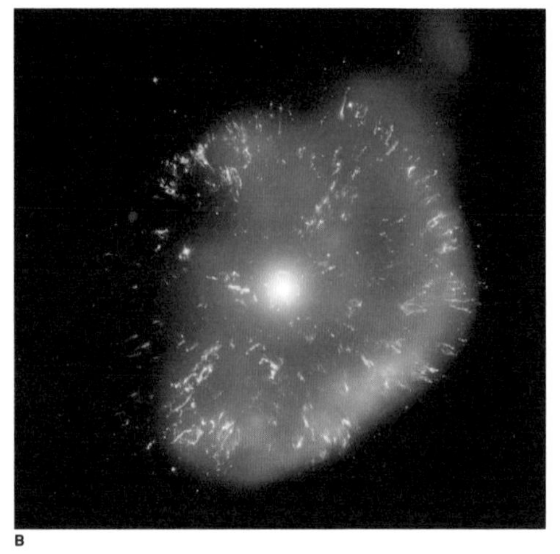

B

随着空间的膨胀，温度和能量密度的下降，物质粒子会从能量中形成，按一定比例聚集。其比例完美地解释了宇宙中基本元素的混合比例。这一过程中，大量简单的氢元素形成了，比氢元素稍复杂的氦元素也形成了（总量也比氢元素少一点），除此之外几乎没有别的元素形成。今天宇宙（U.）中发现的所有相对来说重一些的元素，都是这些原材料在恒星内部通过核聚变和其他过程形成的。

因此，大爆炸理论是对宇宙（U.）膨胀这一特定特征的一个重要解释。这是它的竞争理论无法解释的。

A 像太阳这样的恒星通过核聚变产生能量和发光，迫使较轻元素的原子核一起聚变形成较重的元素。当燃料耗尽，它们就会燃尽。

B 恒星处于生命的尽头时，它的外层被甩入太空。外层的元素散布在宇宙中，融入后形成的恒星和行星。有些暴动的超新星会终结超大质量恒星的生命。这些超新星可以短暂地将核聚变推向新的极限，这样就会创造出最稀有、最重的元素。

C 阿诺·彭齐亚斯和罗伯特·威尔逊在发现宇宙微波背景时使用了这种“喇叭”状的无线电天线。

核聚变（nuclear fusion） 简单原子核结合在一起，形成更复杂原子核的过程。这个过程会释放能量。核聚变是恒星发光的动力来源。

微波（microwave） 波长在 1 米到 1 毫米之间的电磁波，介于波长较短、能量较高的红外线和波长较长、能量较低的无线电波之间。

与此同时，第二个突破是以一种可验证的预测形式出现的。同样在 1948 年，阿尔费尔和美国科学家罗伯特·赫尔曼（Robert Herman，1914—1997）证明，早期宇宙（U.）膨胀的火球会留下余辉，并且，这种余辉在现在的宇宙中仍然可以探测到。余辉发出的辐射会扩散到整个天空，其红移的程度比迄今为止看到的任何东西都大——大到根本看不到可见光，甚至看不到红外“热辐射”的程度。相反，它在形式上为短波无线电波，它将宇宙加热到绝对零度以上几度。这种短波无线电波又称微波。

阿尔费尔和赫尔曼的预测一直让人们充满好奇心。直到 1964 年，它算是被偶然发现。无线电天文学家阿诺·彭齐亚斯（Arno Penzias，1933— ）和罗伯特·威尔逊（Robert Wilson，1936— ）在新泽西的贝尔实验室（Bell Telephone Laboratories）测试一种高度灵敏的新型无线电天线。他们的观测似乎受到某种“噪音”微弱但持续不断地干扰。

C

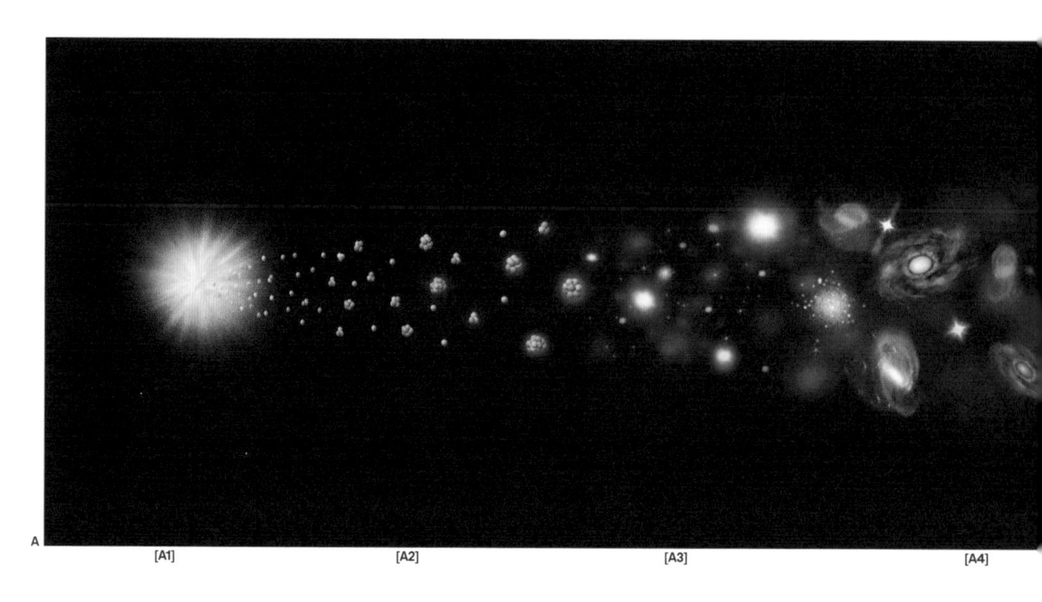

这信号似乎来自天空的各个角落，无法用任何人造信号源来解释（甚至无法用在天线上栖息的鸽子来解释）。他们分析它时，发现它对应于绝对零度以上 4 摄氏度左右的均匀“背景辐射”。彭齐亚斯和威尔逊起初并没有意识到这与大爆炸余辉有潜在联系，直到有位同事拿出了一篇论文，他们才反应过来自己所发现的正是该论文团队计划的搜寻目标。

今天，我们把这个来自宇宙（U.）婴儿期的信号称为宇宙微波背景辐射（CMBR）。测量很快将它的平均温度精确到 2.7 摄氏度，也为大爆炸理论提供了确凿的证据——这是一个不仅在发现它之前就已经被预测到的观测结果，而且与之相竞争的宇宙模型也无法解释它。

大爆炸的证实重新将人们的兴趣集中在宇宙（U.）膨胀到底多快的问题上。

A 自大爆炸以来的 138 亿年里，越来越重、越来越复杂的元素逐渐形成，加入构成宇宙的原材料，从而生成了我们地球所包含的元素。

A1 大爆炸，138 亿年前。

A2 亚原子粒子聚结成原子核和完整的原子用了 40 万年的时间。

A3 大约 2 亿年后，第一颗恒星形成。

A4 第一颗恒星的残余物组成了星系形成的核心。

A5 星系风把浓缩的物质吹进星系间的空间。

A6 恒星个体将轻元素变成更重的元素。

A7 恒星死亡将重元素分散到星系中。

A8 超新星爆炸创造了最重的元素。

A9 重元素形成了岩石行星。

B 第一张宇宙微波背景辐射图由 COBE 卫星于 1992 年拍摄。

C 一个更详细的视图是使用美国国家航空航天局的威尔金森微波各向异性探测器（WMAP）卫星九年的观测结果于 2012 年制作而成的。

D 这张超细宇宙微波背景辐射图是欧洲普朗克卫星于 2013 年拍摄的。

B

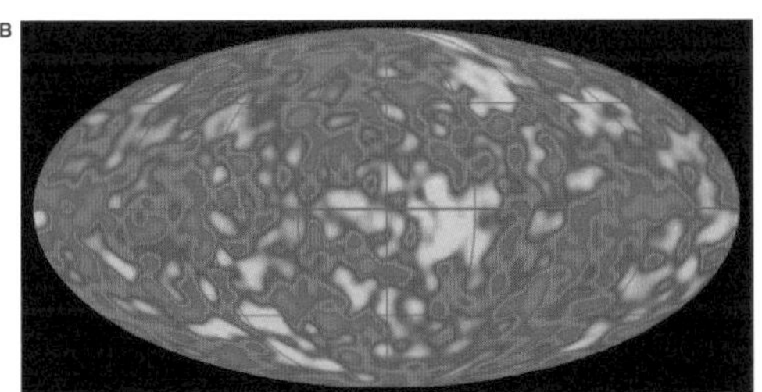

C

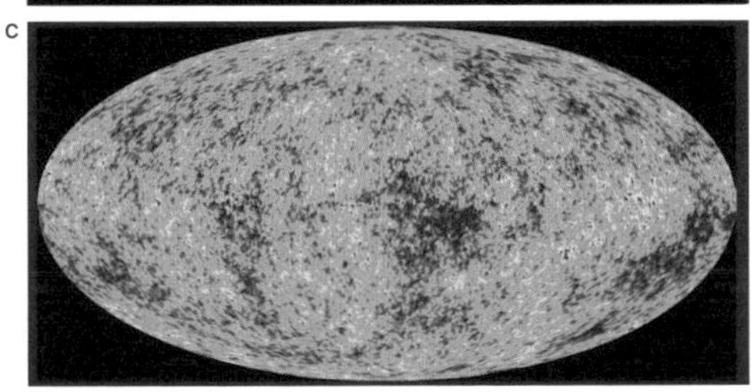

D

假设宇宙（U.）自大爆炸以来一直在稳定膨胀，这意味着今天哈勃常数所对应的宇宙膨胀率也揭示了膨胀开始的时间，因此为宇宙自身的年龄提供了一个代用指标。早在1957年，艾伦·桑德奇就对哈勃的早期估算做了巨大的改进，并另外考虑了有误导性的天琴座RR恒星，计算出宇宙膨胀速率为每秒75千米每百万秒差距。这意味着星系远离我们的速度（一旦局部变化被平均化）每326万光年增加每秒75千米。因此，我们认为980万光年以外的星系以每秒225千米的速度后退，而19800万光年以外的星系后退的速度比之快10倍。

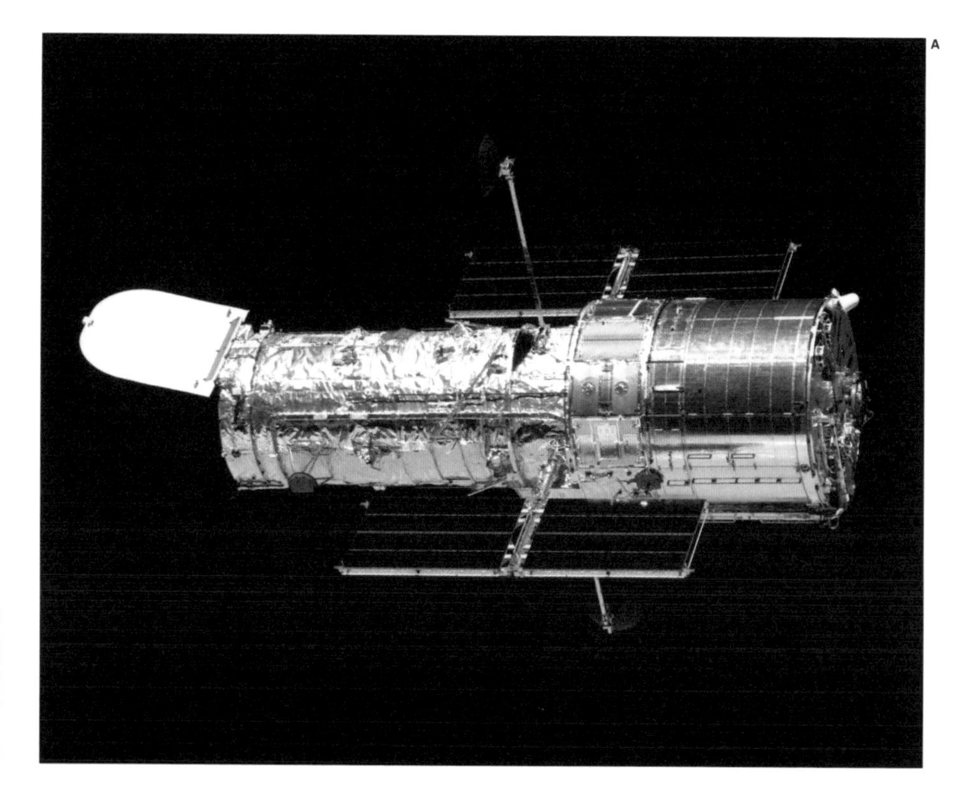
A

B

桑德奇对哈勃常数的估算值大约是哈勃自己估计值的六分之一。尽管有很多不确定性，但这仍然足以确定宇宙（U.）的年龄在 100 亿到 200 亿年之间。接下来的几十年里，人们做了更多尝试来提高这个值的精度。确定这个值是具开创性的哈勃太空望远镜的指定“关键项目”。哈勃太空望远镜于 1990 年发射，最初 10 年的大部分时间都在追踪遥远星系中的造父变星。最终天文学家把哈勃常数定在每秒 72 千米每百万秒差距。令人高兴的是，这个值接近桑德奇的早期估算。在此基础上，现在宇宙学家估计，大爆炸发生在大约 138 亿年前。

A　哈勃望远镜在地球大气层上方的独特位置会使它成为视野最清晰的光学望远镜。

B　如这些 1981 年的蓝图所示，哈勃太空望远镜长 13.2 米，主镜宽 2.4 米。

C　哈勃太空望远镜被设计成由航天飞机定期检查和维修。自 1990 年发射以来，维修和升级使它在超过四分之一世纪时间里一直处于天文学的前沿。

艾伦·桑德奇（Allan Sandage，1926—2010**）**美国天文学家，他不仅改进了宇宙（U.）年龄和膨胀的模型，还研究了一种星系形成的早期模型。他被认为是第一个发现类星体的人。类星体是一种遥远星系，其核心有强烈辐射源，这让它看似恒星。

百万秒差距（megaparsec）天文距离测量单位，相当于 100 万秒差距或 326 万光年。

C

A

活跃星系核（active galactic nucleus）星系的核心。在这里，超大质量的黑洞活跃地吞噬着它周围的物质，形成一个被加热到数百万度并放射出大量辐射的吸积盘（落向黑洞的物质的圆盘）。

A　这个被称为 MACS J0416.1—2403 的拥挤星系团距离我们 40 亿光年。我们现在所看到的光，在它进行漫长的地球之旅中，发出它的星系可能已经面目全非了。

B　小面积天空的“深视野”图像可以分辨出更远的星系，大约 100 亿光年远。在星系形成的早期，这些星系通常有活跃星系核。

广阔的空间和有限的（尽管数值巨大）光速的结合体，把宇宙（U.）变成了一台自然时间机器，它可以揭示宇宙早期的许多情况。我们每向太空探寻 1 亿光年，就能看到 1 亿年前的时光。

在附近的宇宙（U.）中，这不过是件奇妙的事：我们看到的光是很多世纪前离开一颗恒星的，或者它是几千万年前离开一个星系的，这很有趣。但是在恒星和星系进化的巨大时间尺度上，它与我们实际看到的几乎没有什么不同。然而，在更大的距离上，宇宙的时间机器效应相当重要。

多亏了今天更强大的望远镜，我们现在能够探测到几十亿光年之外的物体所发出的微弱辐射。这与宇宙（U.）最初形成时非常接近。那时，一切聚集在一起。

这些更早时期的星系看起来不像现在优雅的螺旋星云那样有结构。它们之间的碰撞和合并更为常见，其核心经常有被称为活跃星系核的炽热能源。这些遥远的系统显示出星系聚集的早期阶段，它们是由较小的不规则恒星云碰撞而形成的，最终演变为如今巨大的旋转圆盘、螺旋和恒星球。

B

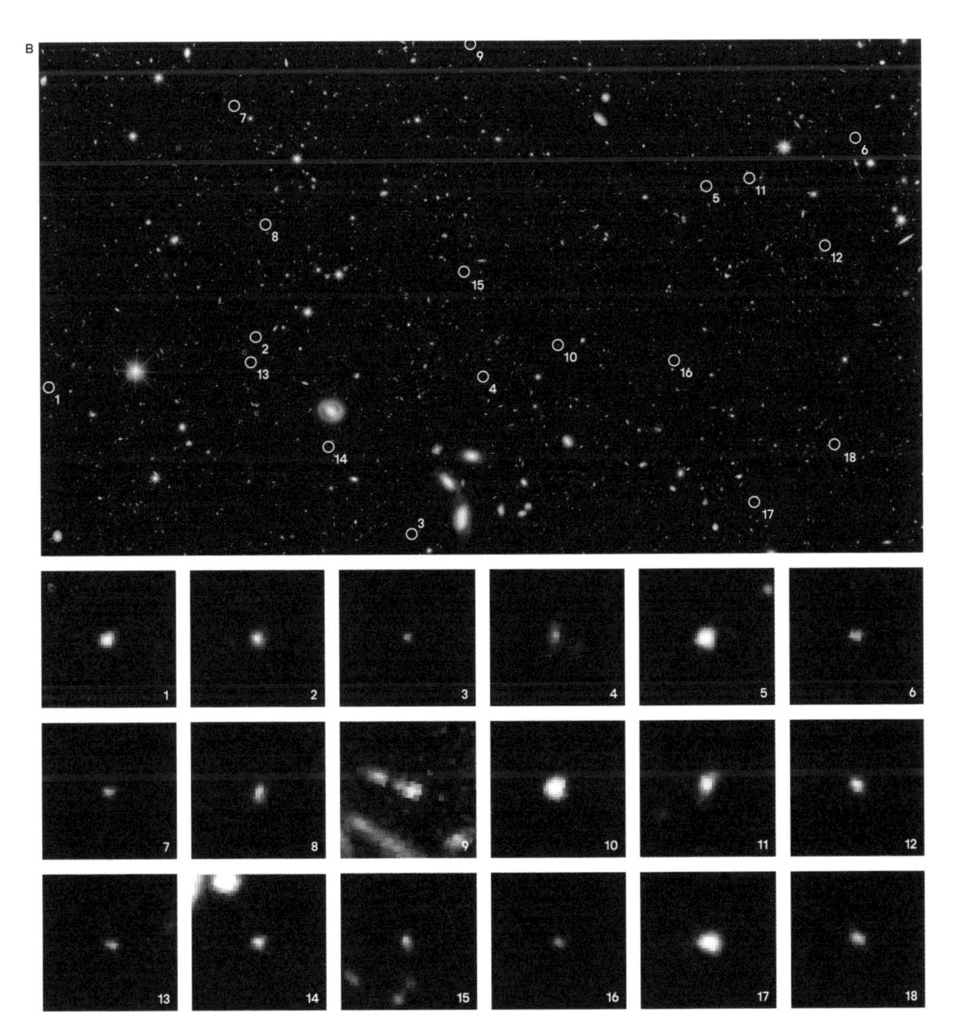

最遥远的星系确实有巨大的红移。我们和它们之间的空间伸展得如此之大，以至于它们以接近光速的速度后退。它们的光波伸展得如此之大，以至于开始消失成不可见的红外辐射。

哈勃太空望远镜的“近红外”能力可以揭示一些太暗和太远以至于在普通光谱范围内看不到的星系。但是超过 100 亿光年左右，红移会如此极端以至于哈勃太空望远镜也看不到。因此，美国宇航局哈勃太空望远镜的接替者——红外线詹姆斯·韦伯太空望远镜的一个关键目标，是去追踪更接近宇宙黎明的星系。

然而，我们可以从更远的过去里看到一个辐射源——来自宇宙微波背景辐射的微弱辉光。

A

A　巨大的詹姆斯·韦伯太空望远镜组合了 18 个六角形镀金铍段，总镜面直径为 6.5 米。专为近红外天文学设计，它还能探测红色和橙色可见光，包括来自宇宙中最远可见物体的可见光。

B　普朗克探测器揭示了宇宙微波背景辐射奇怪的特征（上图），例如，它两个半球的平均温度略有不同，还有一个大冷点（圆圈处位置）。极化（其辐射的“方向”，下图）也揭示了早期宇宙（U.）的线索。

红外线（infrared）波长在 700 纳米（10 亿分之一米）到 1 毫米之间。红外线是由太弱而不能产生可见光的过程发出的，但仍有显著的热效应。

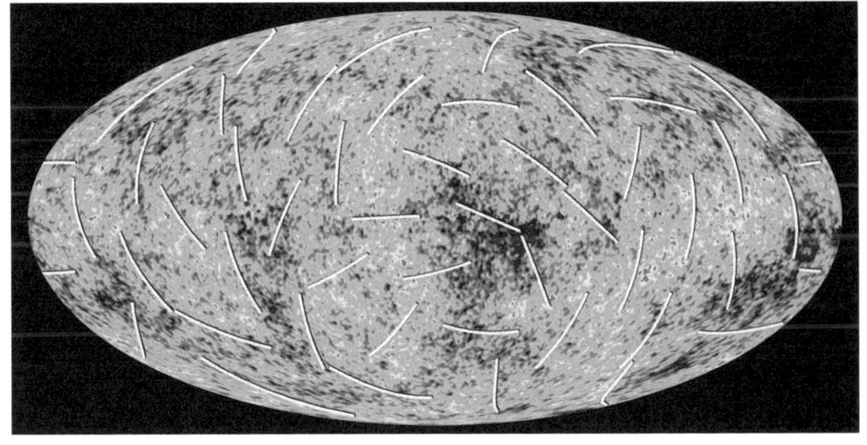

这种辐射从大爆炸（或者更准确地说，大约 38 万年后，最初模糊的宇宙变得透明的那一刻）时的火球发出，穿过 138 亿光年的距离到达地球。我们无论朝哪个方向看，都能看到它。它在天空周围形成一堵不可穿透的墙。它最接近我们所观测的大爆炸本身。因此，宇宙微波背景辐射一直是人们大量研究的主题，其辐射温度的微小变化暗示了早期宇宙中出现的第一批结构，这些结构发展成宇宙（U.）现存的大规模聚集的物质、纤维状结构和空洞。

同时，由于距离遥远，宇宙微波背景辐射边界正以非常接近光速的速度远离我们。我们现在从宇宙微波背景辐射中探测到的微弱微波，它在产生的初期所发出的强光和任何恒星发出的一样强。然后，随着它穿过不断扩大空间的巨大沟壑，它的波长被拉长。

这种效应最终限制了我们能看到多少宇宙——我们对宇宙（U.）的观测仅限于那些在大爆炸后的 138 亿年内到达地球的物体。那么在某种程度上，古希腊哲学家是对的。他们认为我们是所处宇宙（U.）的中心。宇宙是一个不断膨胀的时空气泡，其各个方向的最终边界由大爆炸之后的时间来定义。

然而这个“可观测的”宇宙（U.）半径并非如你想象的那样是 138 亿光年。它实际上延伸得更远，因为我们需要考虑到最遥远的光向我们地球行进的 138 亿年中空间的扩展。这意味着我们“现在”所看到的宇宙微波背景辐射出现的空间区域离我们大约有 460 亿光年远。

当然，把可观测的宇宙（U.）视为整个造物是错误的。每个星系，每个星球，甚至每个人，都是他们自己时空气泡的中心，其边界可能远远超出我们自己的边界。“我们的”宇宙可能是有限的。一个现在坐在宇宙“边缘”行星上的观测者可以朝一个方向看，看到宇宙中我们这一部分的起

A

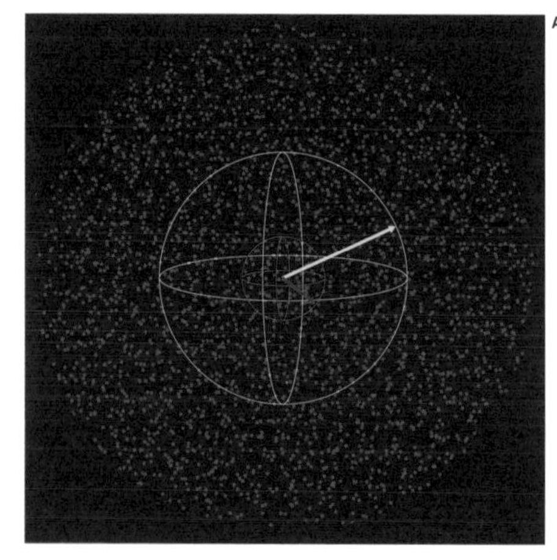

B

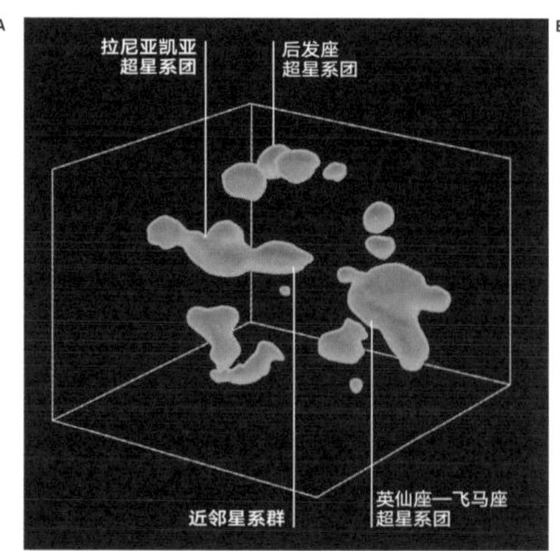

A 虽然我们可预计可观测到的宇宙（U.）的大小限制在 138 亿光年半径（粉红色），但宇宙膨胀意味着我们能探测到的最远的物体现在大约距离我们 460 亿光年（黄色）。而宇宙（U.）本身远远超出这个范围。

B 地球周围 10 亿光年的空间包含了几个巨大的结构，包括我们自己的拉尼亚凯亚超星系团、彗发超星系团和珀尔修斯－飞马座纤维状结构。

C 这种独特的宇宙（U.）视图以对数标度映射宇宙中物体的距离。标度中，每一个步长为 10 的倍数。

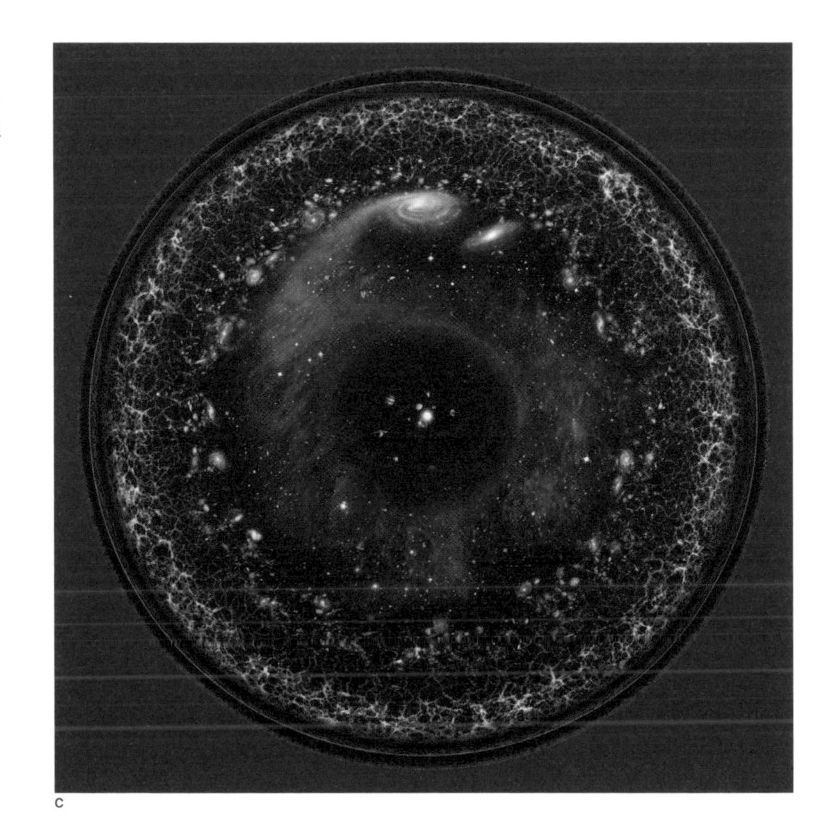
C

源。但是他们也可以朝相反的方向看，看到永远处于我们视野外的区域。

那么，宇宙（U.）不断膨胀的本质是否意味着它将永远存在，是一片有重叠气泡的无尽海洋？

弗里德曼很久以前对待广义相对论的方式表明，这从根本上取决于宇宙（U.）中的质量密度，以及它如何弯曲周围的空间。宇宙膨胀是我们需要考虑的一个重要因素，但是这仍然没有摆脱质量的问题。所以这是我们将在第三章中关注的重点。

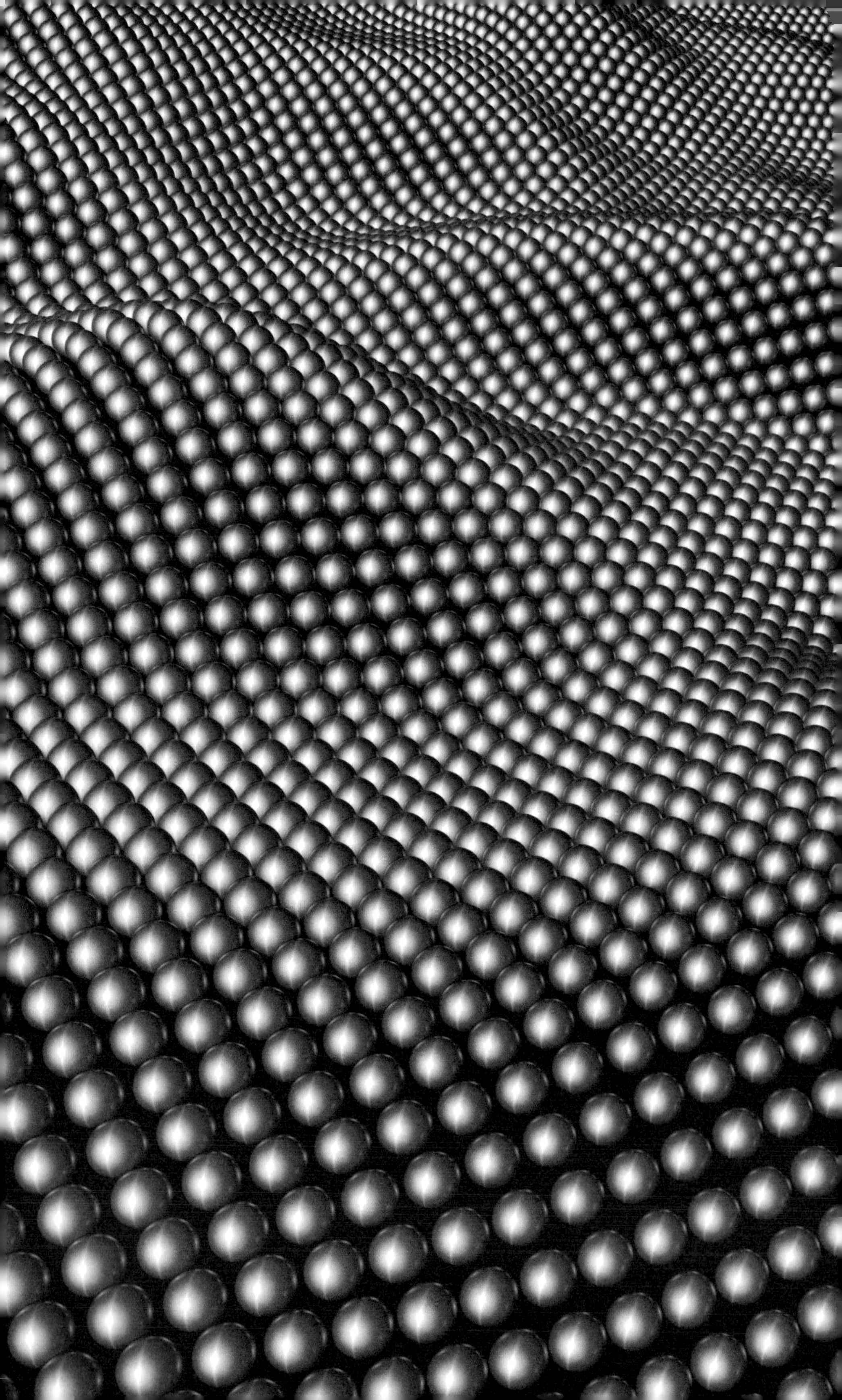

3. 欧米伽系数
The Omega Factor

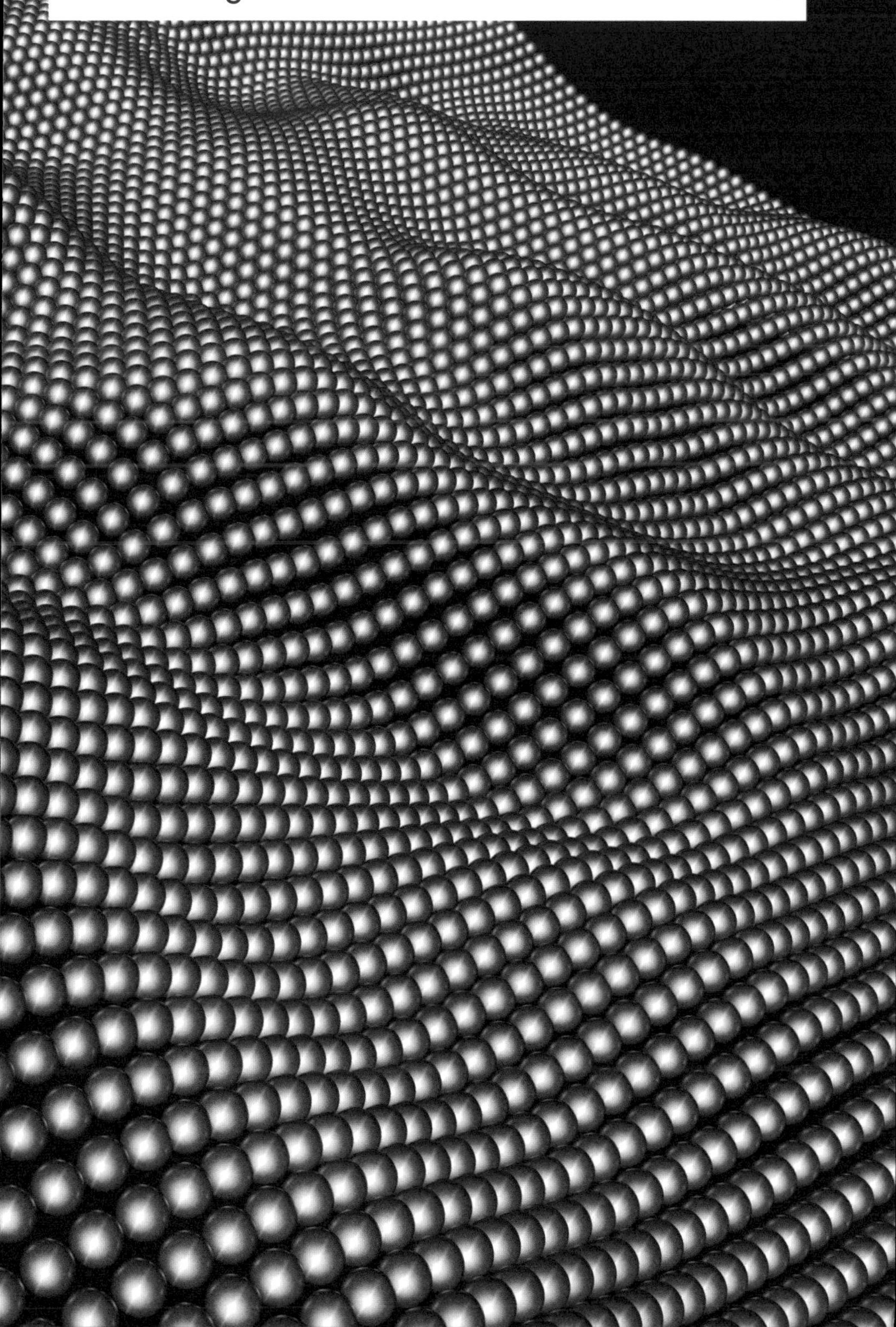

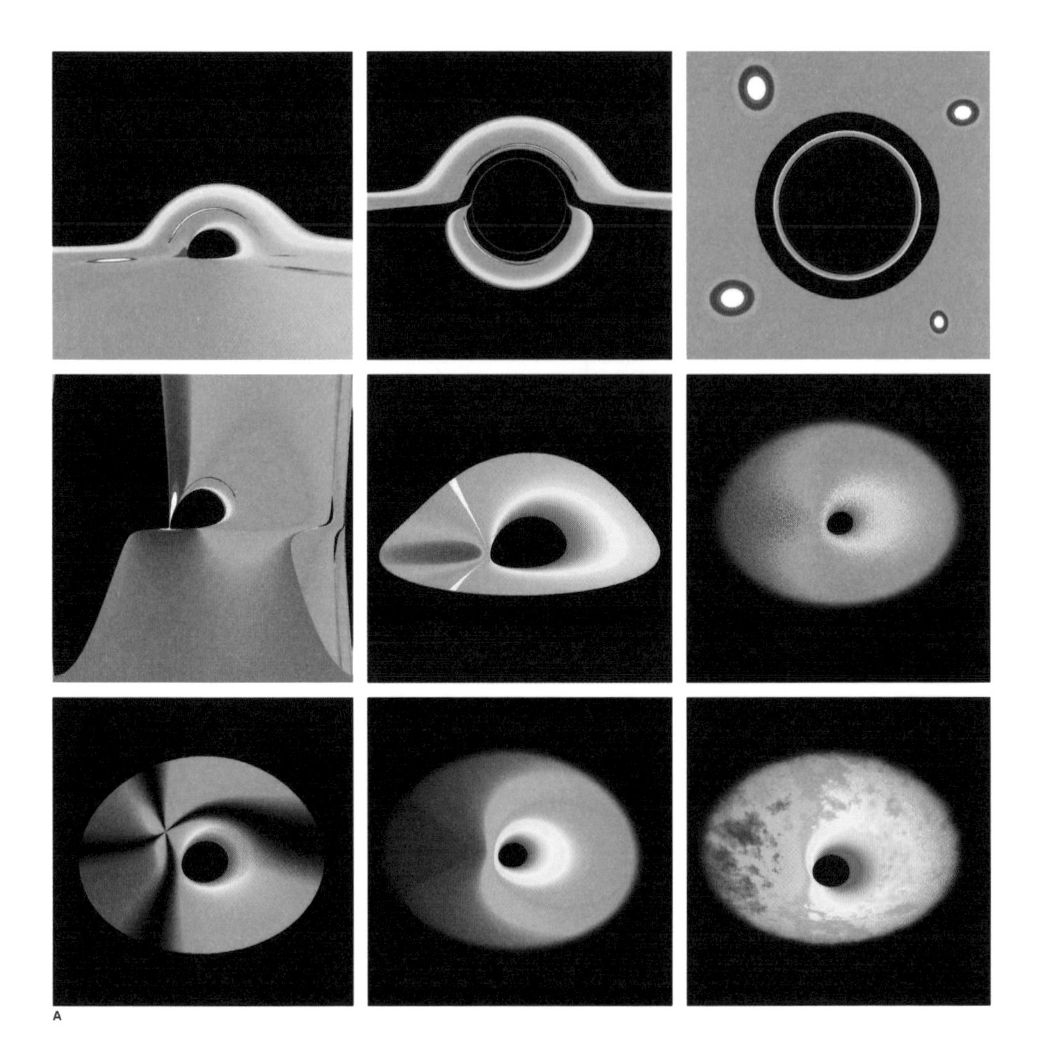
A

宇宙是什么形状的问题似乎总是绕回一个听起来简单的问题——它包含多少质量?

A 黑洞的一系列计算机仿真模拟了十分强烈的引力扭曲时空对三维空间的影响。这些图像中的颜色反映了红移的数量。因为光线穿过黑洞附近扭曲空间时会伸展。同时，中部的黑色区域是视界——光也无法逃开它的边界。尽管黑洞是宇宙中相对来说小规模的现象，但它们的模型可以揭示宇宙质量本身在最大规模上是如何弯曲和扭曲它所占据的空间的。

根据爱因斯坦的广义相对论，质量扭曲时空，从而创造出我们所感受到的引力效应。质量越大、密度越大的物体，造成的时空变形越大，其引力也越大。

一个常见的类比有助于形象化广义相对论的扭曲。那就是抛弃空间三个维度中的一个，把空间想象成橡胶膜一样的二维薄膜。位于薄膜上的质量使它变形，产生了被称为引力井的凹陷，这种凹陷使任何过近的物体的运动发生偏转。黑洞是一个极端的例子——围绕着一个密度无限大的质点（称为奇点）的陡峭引力井，物体和辐射落入其中就没有逃逸的希望。

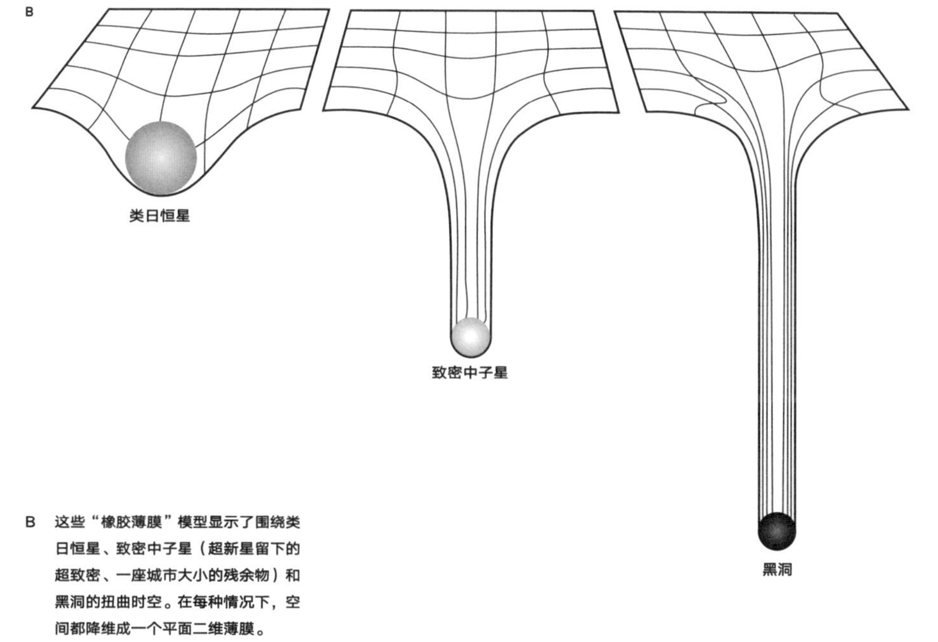

B　这些"橡胶薄膜"模型显示了围绕类日恒星、致密中子星（超新星留下的超致密、一座城市大小的残余物）和黑洞的扭曲时空。在每种情况下，空间都降维成一个平面二维薄膜。

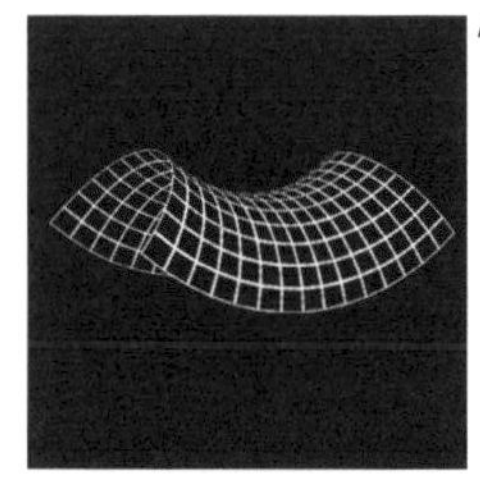

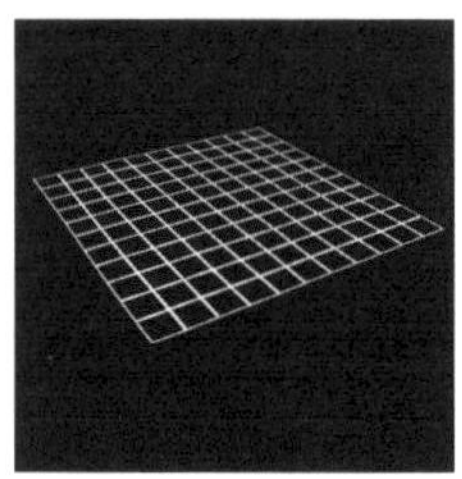

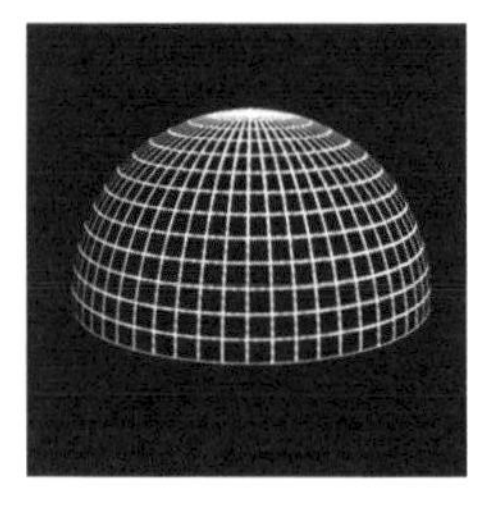

如果整个宇宙的质量以相似的方式扭曲空间，那么它会产生三种大致的可能性。如果有足够的质量，空间可以像球体表面一样围绕着自身，生成一个具有正曲率的“封闭宇宙”。这样，实际在很远的距离上，看似平行的光线的路径会向某一点会合。另外，如果物质太少并且大爆炸引发的宇宙膨胀占主导地位，那么空间会以负曲率的马鞍状向外弯曲。这样平行光线最终会发散，这就是所谓的“开放宇宙”。在这两者之间有一个最优的平衡点，宇宙的质量“恰到好处”。这创造了一个场景，即空间仍然是平坦的，并且向各个方向扩张，但在最大尺度上也没有向内或向外弯曲。

从根本上说，这是最大尺度上空间的三种可能的“形状”。如我们将在后面看到的，这三种情况也暗示着关于我们的宇宙（U.）最后命运的趣事。

A　从上到下：一个开放的和马鞍形的宇宙，一个开放的、平坦的宇宙，和一个封闭的宇宙。
B　这张图表显示了宇宙（U.）可能的演化历史。宇宙（U.）的演化方向与密度参数 Ω（omega）的不同数值相关。
C　弗里德曼 1922 年论文中的几页，第一次概述了广义相对论中时空可能的整体曲率。

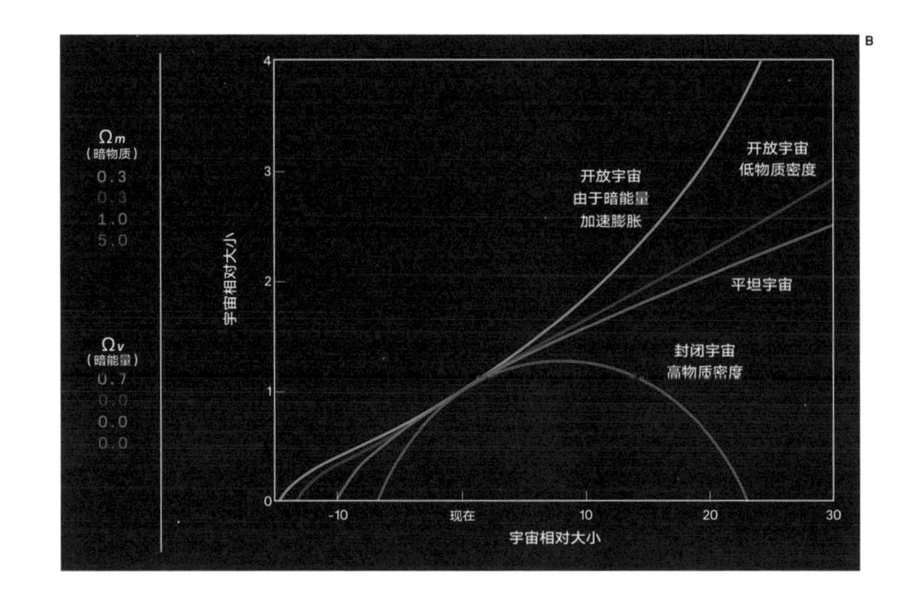

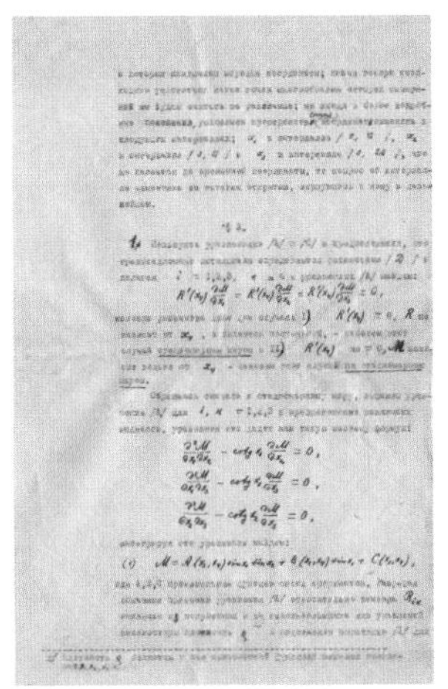

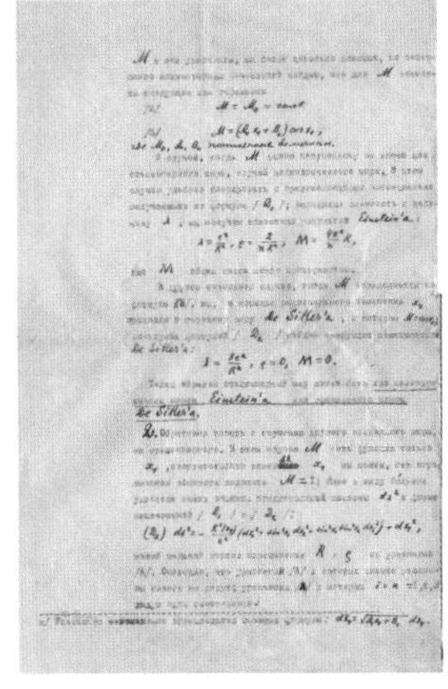

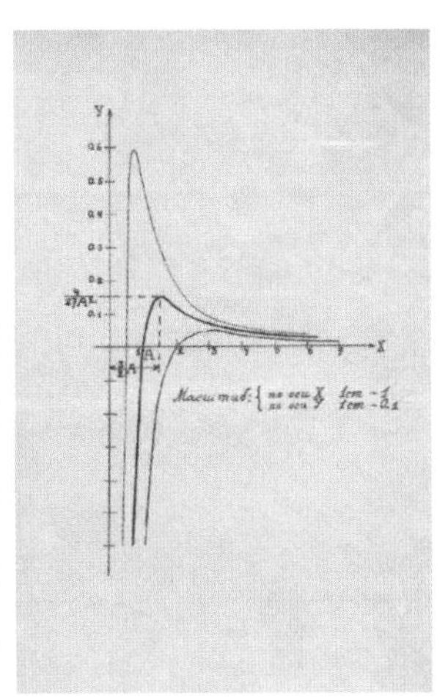

c

因此，为了区分开放宇宙、封闭宇宙和平坦宇宙，我们需要测量宇宙（U.）的质量。但是我们该怎么做呢？

测量宇宙（U.）质量的任何尝试一开始似乎注定要失败，只是因为我们不知道时空和物质可能会扩大到超出我们所见的可观测宇宙（U.）多少。然而，幸运的是，亚历山大·弗里德曼对广义相对论场方程［描述膨胀时空的宇宙（U.）的数学模型，类似于我们现在所知的、我们生活的宇宙（U.）］的解给出了一条有用的捷径。

弗里德曼方程中的数学本身很深奥，这不足为怪，但一个重要的结果是它们描述了宇宙的不同特征是如何根据几个关键参数的值而产生的。这其中最重要的是观测到的宇宙（U.）密度——单位体积空间所平均包含的物质量。实际密度是否大于某一个临界密度会影响空间的基本性质，并决定宇宙（U.）从过去到未来的演变方式。

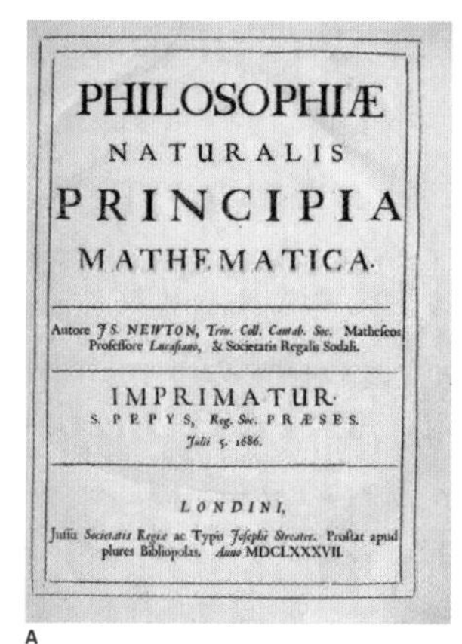
PHILOSOPHIÆ
NATURALIS
PRINCIPIA
MATHEMATICA.

Autore J S. NEWTON, Trin. Coll. Cantab. Soc. Matheseos Professore Lucasiano, & Societatis Regalis Sodali.

IMPRIMATUR.
S. PEPYS, Reg. Soc. PRÆSES.
Julii 5. 1686.

LONDINI,
Jussu Societatis Regiæ ac Typis Josephi Streater. Prostat apud plures Bibliopolas. Anno MDCLXXXVII.

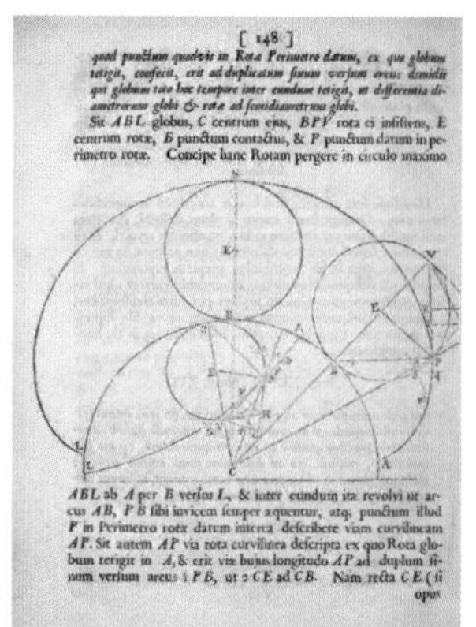
[148]

quod punctum quodvis in Rota Perimetro datum, ex quo globum tetigit, confecit, erit ad duplicatum sinum versum arcus dimidii qui globum toto hoc tempore inter eundum tetigit, ut differentia diametrorum globi & rotæ ad semidiametrum globi.

Sit ABL globus, C centrum ejus, BPV rota ei insistens, E centrum rotæ, B punctum contactus, & P punctum datum in perimetro rotæ. Concipe hanc Rotam pergere in circulo maximo

ABL ab A per B versus L, & inter eundum ita revolvi ut arcus AB, PB sibi invicem semper æquentur, atq; punctum illud P in Perimetro rotæ datum interea describere viam curvilineam AP. Sit autem AP via tota curvilinea descripta ex quo Rota globum tetigit in A, & erit viæ hujus longitudo AP ad duplum sinum versum arcus ½ PB, ut 2 CE ad CB. Nam recta CE (si opus

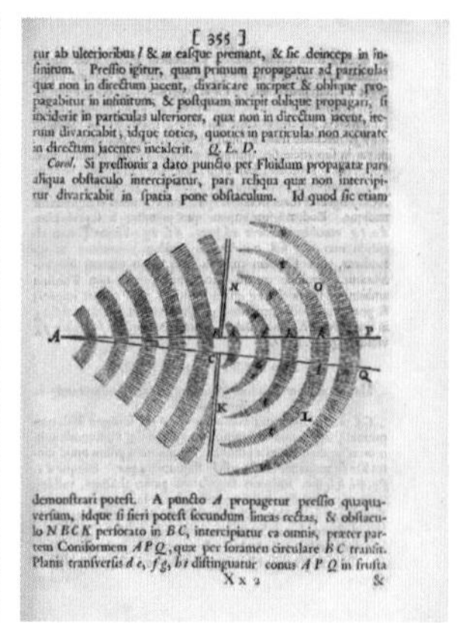
[355]

tur ab ulterioribus l & m easque premant, & sic deinceps in infinitum. Pressio igitur, quam primum propagatur ad particulas quæ non in directum jacent, divaricare incipiet & oblique propagabitur in infinitum, & postquam incipit oblique propagari, si inciderit in particulas ulteriores, quæ non in directum jacent, iterum divaricabit; idque toties, quoties in particulas non accurate in directum jacentes inciderit. Q. E. D.

Corol. Si pressionis a dato puncto per Fluidum propagatæ pars aliqua obstaculo intercipiatur, pars reliqua quæ non intercipitur divaricabit in spatia pone obstaculum. Id quod sic etiam

demonstrari potest. A puncto A propagetur pressio quaquaversum, idque si fieri potest secundum lineas rectas, & obstaculo NBCK perforato in BC, intercipiatur ea omnis, præter partem Coniformem APQ, quæ per foramen circulare BC transit. Planis transversis de, fg, hi distinguatur conus APQ in frusta

Xx 2 &

A

宇宙学家可以将这两项
组合成一个简单的数。
这个数被称为密度参数——
观测到的密度与临界密度之比，
用 Ω（希腊字母）表示。
如果 Ω 大于 1，实际密度大于临界密度，
那么宇宙（U.）是封闭的；
而如果 Ω 小于 1，观测到的密度
小于临界密度，那么宇宙（U.）是开放的；
如果 Ω 的精确值等于 1，
意味着宇宙（U.）是完全平坦的。

但是，我们如何估算像空间那样根本不均匀的物体的平均密度呢？幸运的是，牛顿给我们提供了帮助，在其杰作《自然哲学的数学原理》（1687 年，俗称《原理》）中，他首次提出了非凡的物理原理。天文学家在过去两个世纪的大部分时间里，或多或少经历了有序的让步。让步前天文学家认为地球处于宇宙中心的特权位置，其他一切都围绕着地球转。牛

顿是第一批意识到我们不该把太阳的位置想得太特殊的人之一。这些天文学家意识到应该警惕任何这样的倾向，即相信我们是从一个特别的角度看宇宙（U.）的。

牛顿的宇宙学原理理论成为后来所有关于宇宙（U.）的理论的基石。此理论认为宇宙在最大尺度上是同质和各向同性的——换句话说，它在空间的所有点都有相同的普遍性质，并且从各个方向看都是一样的。因此，我们在空间中的特定点得出的任何关于宇宙（U.）的结论，都可以应用于整个宇宙（U.）。

但如果是这样，我们如何解释宇宙中从太阳系内部到星系超星系团的排列上都有明显的质量分布不均匀呢？答案是在更大的直至覆盖数十亿光年范围的宇宙（U.）最大尺度地图上达到均一性。局部宇宙的纤维状结构和空洞在规模上缩小了，并与无数其他类似的结构融合形成了一种物质分布，这种物质分布在每个位置和每个方向看起来确实都是一样的。这种物质分布很可能会在我们当前可观测到的宇宙（U.）边缘之外几乎没有什么变化地延续下去。

B

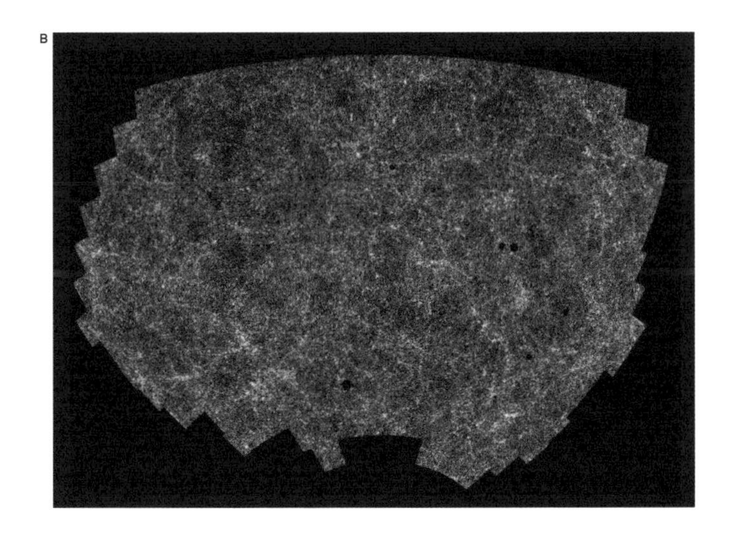

A 艾萨克·牛顿的《原理》（1687 年）制定了运动的基本定律，以及这些定律如何被阻力介质的存在所修正。牛顿最终将这些定律整合成一个万有引力系统。

B 这张星图显示了一片南部带状广阔天空中的大约 200 万个星系。它揭示了宇宙中的物质分布如何在最大尺度上趋于均匀。

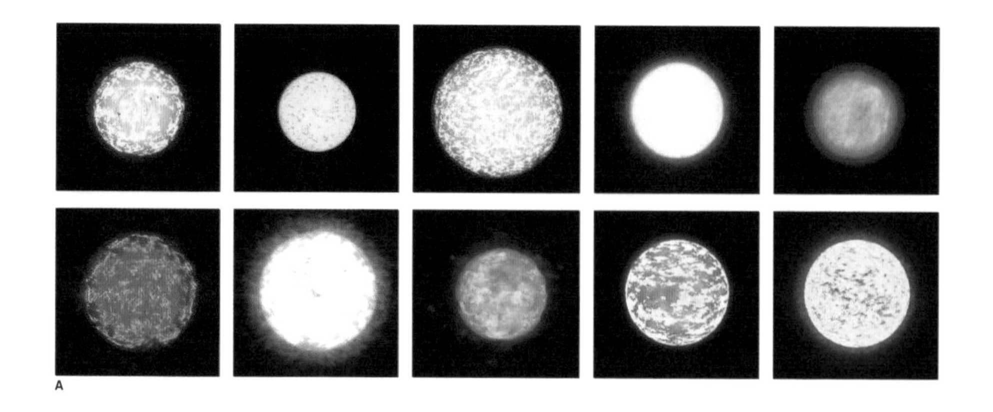
A

如果我们能够在足够大的范围内计算出物质的密度，那么宇宙（U.）中物质的整体平均密度应该与我们可测量部分的密度相同。那我们怎样才能做到这件事呢？

重要的第一步是理解恒星真正的重要性。这些巨大的发光气体星球不仅是其所在类太阳系内的主要的质量集中点，而且也几乎是唯一能够大量自己发光的物体。

当然，并不是所有的恒星都是相同的：它们的质量相差很大（从大约 0.08 到几十个太阳质量），它们的总能量输出或光度相差更大（从太阳输出的 1/100000 到太阳输出的 100 万倍）。这些能量并非都以可见光的形式释放出来（表面较冷的恒星大多会发出红外辐射，而最热的恒星会产生大量的紫外线）。但是一个半世纪以来，天体物理学的发展已经为天文学家提供了所需的经验法则，可以根据一些线索来估计恒星大概的质量，例如嵌入恒星光谱线中的化学指纹。

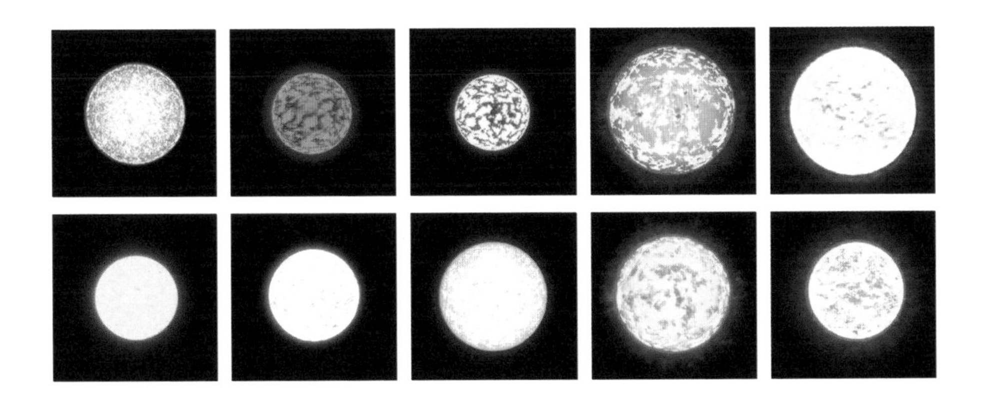

A 恒星的物理性质差异很大，例如它们的内在光度和颜色（指示表面温度）。这些性质从根本上说是由恒星的质量、化学成分和它在恒星生命周期中的位置决定的。这些恒星图像是经实验生成的，应该被视为概念艺术。

更大的问题是估算我们自己星系中不同类型恒星的比例，并了解我们的星系是不是宇宙（U.）中星系的典型代表。在这一点上，天文学家必须玩数字游戏。因为恒星的视星等随着距离迅速下降，高度明亮的蓝色和白色恒星（以及罕见的红巨星）在数百甚至数千光年外依然显得明亮，然而暗淡的红矮星只能在离我们很近的地方被探测到。

视星等（apparent magnitude）观测者所观测到的天体的亮度。视星等取决于物体的真实亮度（它的光度或“绝对星等”），以及它和观测者间的距离。

红巨星（red giant）生命即将结束的恒星。由于内部结构的变化，它比以前亮了几千倍。而且它膨胀到原来直径的100 倍或更多倍。与恒星的总寿命相比，红巨星阶段相对较短。

红矮星（red dwarf）光线非常暗淡、小质量的恒星，表面温度非常低，可能只有太阳的一半。

估算这些暗星数量的最佳方法就是在我们的太阳系的附近区域寻找它们（通常使用对它们的微弱辐射更敏感的红外望远镜），然后进行推测。基于这个原理，红矮星明显比亮星更常见。在 60 颗离我们最近的恒星中，有 50 颗都是红矮星（肉眼几乎都看不见）。因此，虽然可能几颗矮星的质量才能与一颗像太阳那样的恒星质量相等，但它们在数量上的绝对优势意味着它们可能占我们银河系里恒星重量的一半以上。

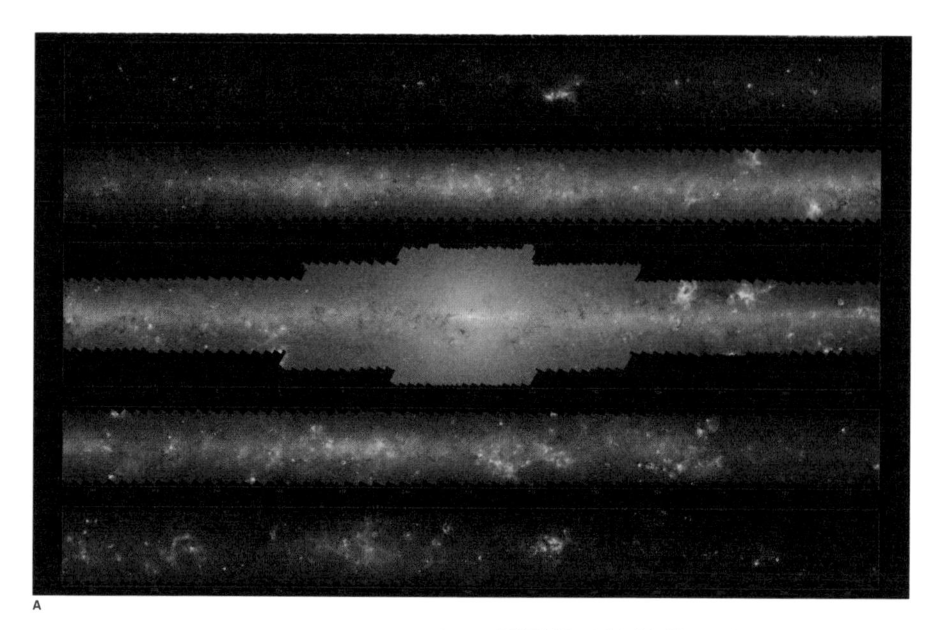

A

A　一系列面向银河系中心的红外视图。它揭示了不同温度下，气体、灰尘和恒星的存在。

B/C　被称为发射星云（emission nebula）的明亮气体和尘埃云状物标出了一些位置。在这些位置，新恒星们在螺旋星系中诞生。地球天空中最显眼的星云是船底座星云（Carina Nebula，B 图）和猎户座星云（Orion Nebula，C 图）。

我们必须考虑的另一个因素是银河系和其他星系中恒星的不均匀分布。据估计，像银河系这样的螺旋星系有一个被蓝色恒星和白色恒星“主宰”的圆盘，这通常会使得螺旋星系形成独特的螺旋图案。但是这里所谓的“主宰”仅指这些恒星发出的光占比最多——从数量上来说，它们仍然远远没有红矮星多。

在靠近螺旋星系的中心，恒星形成的速度逐渐减慢，但是矮星的数量和密度变得更大，以至于它们成为主要的光源。从远处看，单个微不足道的恒星所发出的光纯粹地集中成一个明亮的中心区域。这个中心区域可以很容易地比螺旋狭长地带更亮。

不同类型的星系之间的规则可能略有不同，比如有椭圆星系和不规则星系。但原则上，这些技术能让天文学家根据类型、亮度和距离的组合，来估算星系中恒星的数量和分布（使用第 1 章中描述的造父变星方法计算，或者根据红移进行估算）。

然而，星系不仅由恒星构成——许多星系还充满大量星际气体和尘埃。这些气体和尘埃是新恒星形成的原材料。随着恒星变老和死亡，它们的大部分物质最终会变回气体与尘埃。经估算，这种被称为星际介质的物质起码为我们的银河系贡献了可观的重量，可能相当于恒星所含质量的 15%。至于银河系，人们认为恒星和星际介质质量的总和在 500 亿到 700 亿太阳质量之间。

椭圆星系（elliptical） 一个球形星系，它包含大量衰老的红色和黄色恒星，但几乎没有形成恒星的气体或尘埃。椭圆星系的范围从数万颗恒星组成的小弥散云到远比银河系大的巨型星系（包含多达一万亿颗恒星）。

不规则星系（irregular） 一个有点不成形的星系，富含气体、尘埃和新星，通常比银河系小。

星际介质（interstellar medium） 一种气体混合物（主要是在大爆炸中形成的氢和氦，以及恒星在其存在期中产生的一些较重元素）和位于恒星之间的尘埃。

B

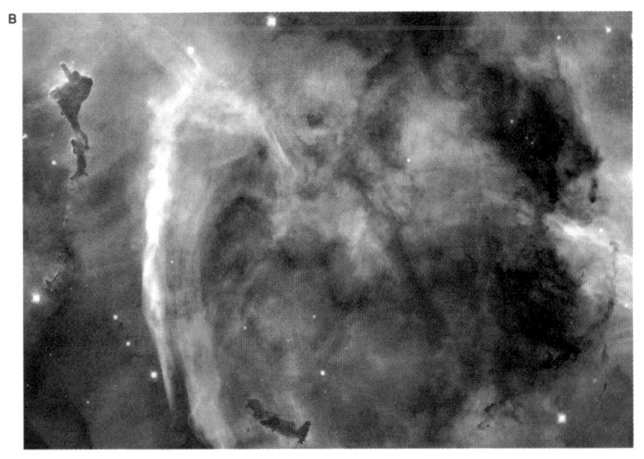

C

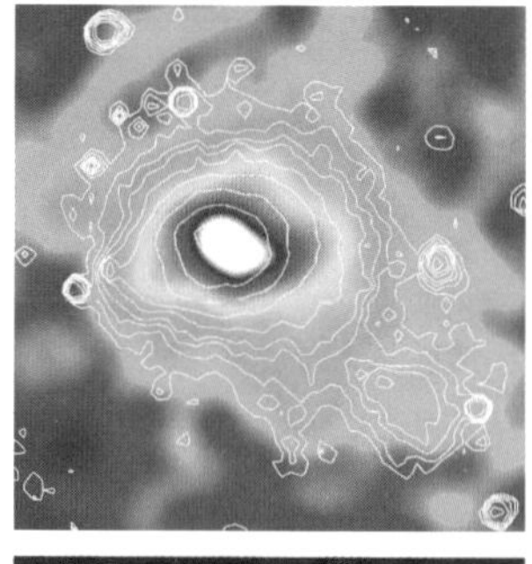

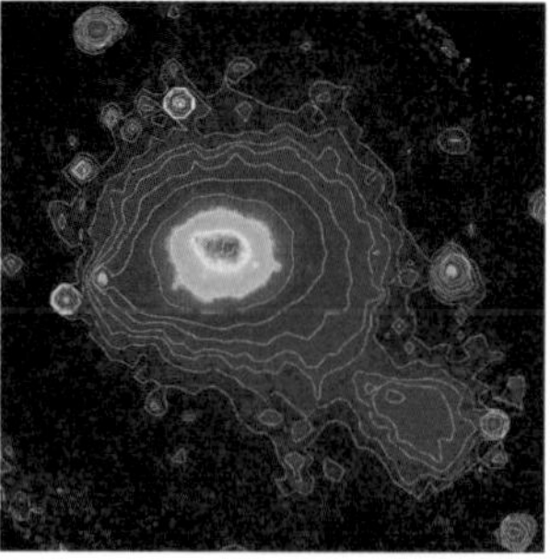

A

弗里茨·兹维基（Fritz Zwicky，1898—1974）
尽管这位瑞士裔美国天文学家因发现星系团中的暗物质而广为人知，但他还有其他重要的贡献，包括关于超新星爆炸与星系中超致密中子星形成过程的观点，以及他对整个星系可以充当引力透镜的预测。

质心（center of mass）
一个单一点，人们可以认为大物体（或一组物体）的质量集中在这个点上，以便简化它是如何影响更远物体的计算。

一个星系远不止是它的恒星、气体和尘埃的总和。

还存在其他东西：一种神秘的“暗物质”（dark matter），它的重量是一个典型星系中其余物质总重量的四倍。这个名称有误导性，暗物质不仅是黑暗的（任何波长的电磁辐射都无法探测到），它还是不可见的。它根本就不与辐射相互作用，目前只能通过它的引力作用来探测它。

它存在的最初迹象早在 1933 年就出现了。在银河系之外的星系得到确认后不久，弗里茨·兹维基意识到，应该有可能根据星系如何影响密集星系团中的邻居来测量星系的质量。

原理很简单：任何物体围绕另一个质量远大于自身的物体运行的速度，取决于此物体到中心物体的距离和中心物体内集中的质量。例如，如果太阳的质量突然增加一倍，地球将不得不更快地沿着它的轨道移动，以保持与太阳的距离不变。

为了简单处理，兹维基假设星系团中的单个星系就像围绕质心运行的行星，所有星系团的质量都等效地存在于该质心。但他通过研究彗发星系团而将这个想法付诸实践时，发现单个星系的移动方式显示出的星系团质量比星光显示出的质量要惊人地大 400 倍。

A 彗发星系团（Coma galaxy cluster）的图像描绘了星系团中质量的分布，图像数据来自星系团物质与宇宙微波背景辐射的相互作用（左上）和星系团物质的 X 射线发射（右上）。下图突出了这些密度图和星系发光物质分布的对比。

B 美国宇航局研究员加里·普雷索（Gary Prézeau）认为，暗物质应该集中在如地球（上图）和木星（下图）这样的巨大物体周围的毛发纤维状结构中。

B

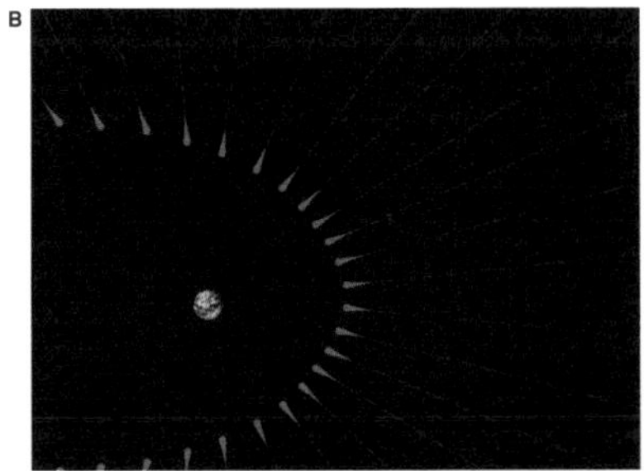

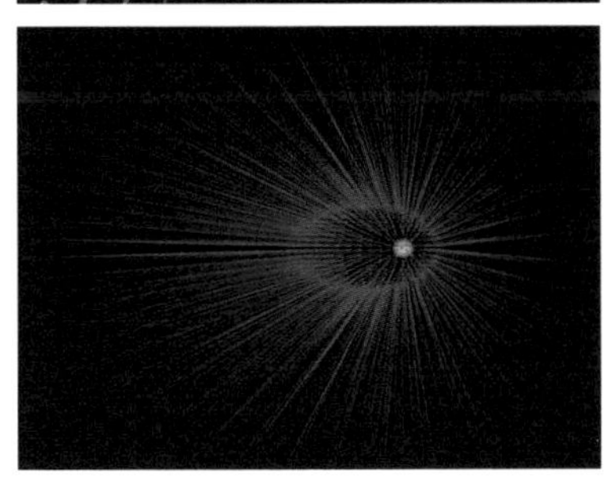

A

B

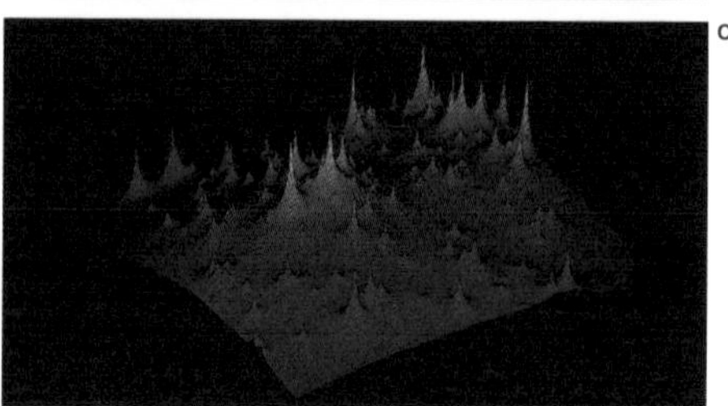

C

兹维基将这些神秘的未知物质命名为 dunkle Materie 或暗物质。但是最初，他的发现在很大程度上被忽视了。第二次世界大战后，随着太空天文学时代的到来，天文学家们认为，缺失的质量也可能来源于许多星系团中心的巨大气体云。这些气体之前未被检测到，并且是 X 射线和无线电波的来源。

但是，虽然这种“星团气体”（被认为是随着星团寿命的增长和星团的演化而被甩出并失去对单个星系的依附）解释了兹维基所提到的缺失的大部分质量，但事实证明这种解释并不完整。1975 年，薇拉·鲁宾证实同样的现象在离我们更近的地方——银河系内部出现。

鲁宾关心的是估算我们自己星系的质量。在计算“银河系自转曲线”（恒星在离中心不同距离的轨道上运行的速度）时，她发现所有可见的恒星、星际尘埃和不同类型的气体只贡献了银河系大约六分之一的引力场。

太空天文学（space-based astronomy）天文学中一个使用先进技术的分支。这里提到的先进技术包括卫星。人们使用卫星能以从地球表面不可能的方式观测宇宙（U.）。主要是因为地球大气层阻挡了可见光和一些无线电波以外的辐射。

薇拉·鲁宾（Vera Rubin, 1928—2016）以发现星系旋转中的暗物质而闻名的美国天文学家，也因她的如下声称而引起争议，即一旦考虑宇宙膨胀，星系是在它附近一亿光年的空间中向特殊的方向运动着的。最终，这被证明是巨大星系超星系团存在的第一个证据。

重子物质（baryonic matter）熟悉的物质形式，它容易受到自然界中基本力的影响。自然界的基本力包括电磁力。

引力微透镜（gravitational microlensing）引力透镜现象的一种短暂形式。遥远物体（如恒星）所发出的光线遇到一个小而致密的物体在其前方通过并利用其引力扭曲光线的路径时，这束光线会短暂扭曲并增亮。

20 世纪 70 年代末，当其他天文学家支持鲁宾的发现时，人们开始认真地探索暗物质了。大体上说，解释分为两个阵营。一个阵营认为遗失的质量可以解释为由正常或重子物质组成的致密、微弱或黑暗物体。这种物质即所谓的晕族大质量致密天体（昵称为 MACHOs）。它游荡在星系盘上方和下方的光晕区域。它可能包括流浪行星、黑洞和烧毁褪色的矮星。但旨在针对这类星体使用引力微透镜进行采样的调查表明，这类物体很罕见，对整体遗失质量来说是微不足道的。

D

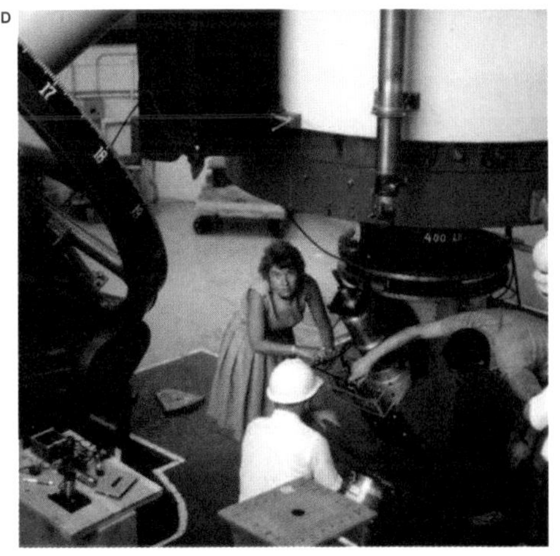

E

A　后发座星系团是由大约 1000 个星系（大部分是椭圆形星系）组成的星系群，距离地球约 3.2 亿光年。

B　根据星系团内单个星系的运动，兹维基有一个想法，即星系所受到引力的影响远远高于星系团可见物质所表明的大小。

C　今天，天文学家可以利用各种技术测量星系团不同部分的引力效应，来绘制暗物质的分布图。

D　1965 年，薇拉·鲁宾及其同事们在弗拉格斯塔夫（亚利桑那州）的洛厄尔天文台检查他们的设备。

E　X 射线数据（紫色）与可见光（黄色）的合成图显示了阿贝尔 1689 星系团内部和周围热气体的浓度。

A

另一个阵营认为遗失质量是奇异物质：具有质量的、新的粒子家族，易受引力影响，但在某种程度上不受电磁辐射的影响。尽管这些大质量弱相互作用粒子（称为 WIMPs）还只是理论猜想，但它们如今仍是暗物质的主要候选。这些粒子存在的最复杂的证据来自一种图谱。这种图谱上有这些粒子的表观云团相互作用的方式。它们的表观云团相互作用，从而在遥远星系团的引力透镜中产生扭曲的模式。

B

然而，即使考虑到大量的暗物质，宇宙密度的估算值也远低于临界密度，产生的 Ω 值也远低于 1。

那么，我们能说宇宙（U.）肯定是开放的吗？

幸运的是，人们有另一种方法来看待这个问题，即从今天对宇宙（U.）的观测中收集到的大概数值进行独立交叉核对。它隐藏在我们第 2 章中遇到的宇宙微波背景辐射（CMBR）中——宇宙（U.）黎明的辐射是我们能看到的最遥远的东西。

A 像天炉座矮星系这样的矮星系是稀疏分散的恒星云，被认为是由占主导地位的暗物质结合在一起的。

B 计算机模型显示了暗物质落向黑洞的视界时会产生高能伽马射线。这种射线提供了深入了解这种神秘物质的一种方法。

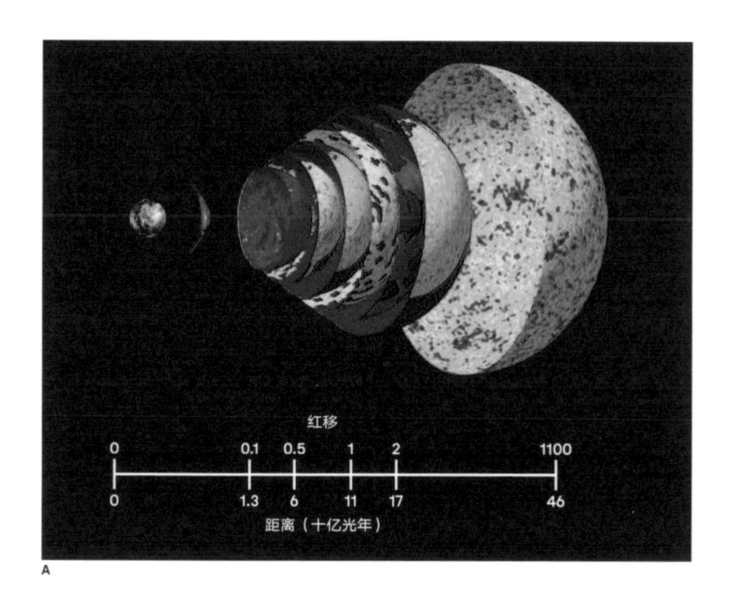

A

开尔文（Kelvin）科学家用来测量温度的标度。标度从绝对零度（可能的最低温度，相当于 -273.15 摄氏度）开始。1 开尔文的温差相当于 1 摄氏度。

宇宙微波背景辐射标志着年轻宇宙历史上一个非常特殊的时刻：它变得透明的那个时刻。就在大爆炸之后，空间被暴雪般的亚原子粒子填满，这些粒子使它变得不透明。就像在雾中散射的阳光一样，辐射光子在与物质粒子相互作用并朝另一个方向反弹之前只能传播很短的距离。

然而，随着宇宙膨胀，物质密度降低，温度也会降低。大爆炸后的几分钟内，温度下降到足够低，质子和中子得以结合。这形成了最简单的原子核。但是大量的电子仍然保持很高的能量，以至于无法被它们周围的轨道捕获并形成真正的原子。直到 3.8 万年后，宇宙温度降到约 3000 开尔文以下，原子核才最终能够“捕获”电子（这一过程被称为复合）。粒子密度突然下降，辐射最终能够直线传播，向四面八方奔去，形成宇宙微波背景辐射。

一旦你知道宇宙微波背景辐射来自哪里，就更容易理解为什么它会告诉我们一些关于密度参数的有用信息。宇宙温度下降的速度和解耦发生的时刻，两者都是早期宇宙（U.）中反映物质密度的指标。

此外，宇宙微波背景辐射中波纹的存在可以告诉我们更多。温度的微小变化表明了整体密度的微小差异。早期宇宙内部所有反射的辐射都施加了一个向外的压力，这个压力超过了引力的吸引作用（因此阻止了普通物质聚集在一起）。但是暗物质不受同样的效应影响，所以它立即开始聚结并围绕在微小聚集物周围。这些聚集物是在大爆炸中产生的。

因此，波纹的强度提供了两种物质间平衡的量度。专用卫星如来自美国国家航空航天局的威尔金森微波各向异性探测器（WMAP）的测量结果表明，目前宇宙每立方米空间包含约 2.8×10^{-30} 克物质（0.000000000000000000000000000028 克 / 米 ^{3}）。这个数字相当于每立方米大约 1.7 个氢原子（或者大约每 20 立方英尺 1 个氢原子）。这与从今天的宇宙观测中对物质密度"自上而下"的估算非常吻合。同时，这应该意味着 Ω 远低于 1，因此宇宙（U.）是明显开放的。

你可能会想，破案了，但还有个问题。宇宙微波背景辐射还提供了另一种独立的方法来直接地双重核对密度参数。这生成了一个令人惊讶且矛盾的结果。

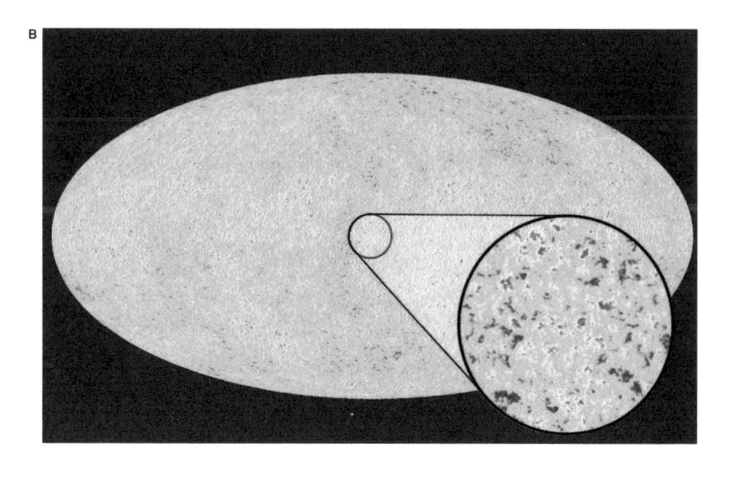

A 这些嵌套球体显示了宇宙（U.）中不同距离和不同红移的物质密度。它们揭示了附近宇宙中星系的分布和宇宙微波背景辐射（最外层）结构之间的对应关系。

B 威尔金森微波各向异性探测器得到的宇宙微波背景图，蓝色表示低温、高密度的区域，红色表示高温、低密度的区域。

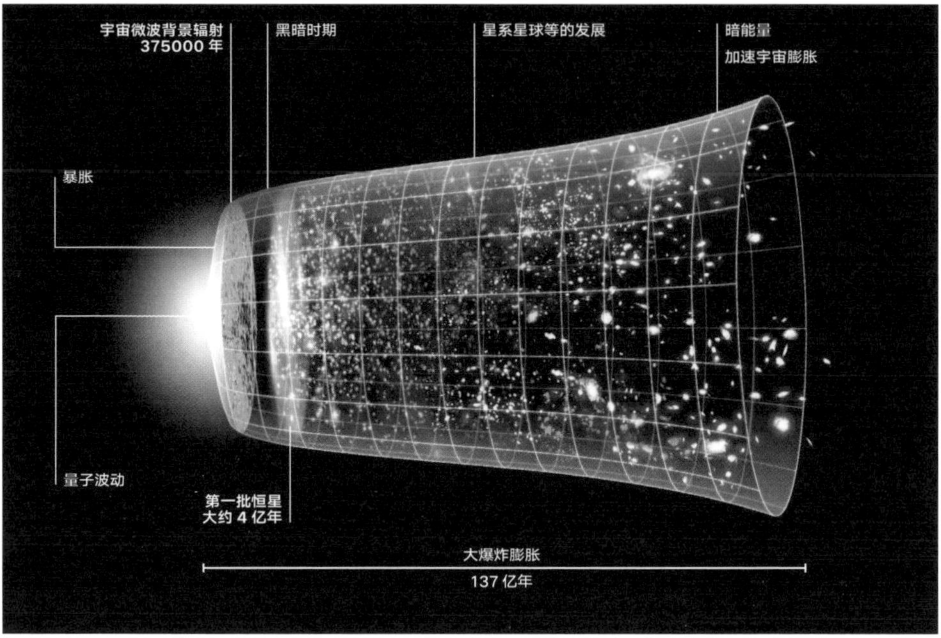

A

这个想法是一个简单的几何问题。

如前述，由不同 Ω 值所产生的不同空间曲率会导致光线在长距离上会聚或发散。这意味着它们会影响极其遥远的物体的表观尺寸。

正曲率意味着光线正在会聚，因此会使遥远的物体看起来比预期的要大；负曲率和发散光线会使它们看起来更小。然而，明显的问题是，我们在足够大的距离上能看到什么大小可预测的物体，从而可以测量到这种效应？

令人高兴的是，答案就在我们所能看到的最遥远的结构中：宇宙微波背景辐射本身的波纹。宇宙微波背景辐射的其他方面使宇宙学家能预测到复合时期之前波纹结构可能已经增长到的大小。进而得出最亮的微波波纹在天空中理应呈现的角直径（大约 1 度宽，或者满月的两倍大小）。科学家们发现波纹确实以精确预测的大小出现，这表明它们的光线在 460 亿光年的太空旅程中保持平行。因此，他们各自的研究都得出在当前测量技术所限范围内的宇宙（U.）在几何上是平的。

但是等一下——平坦宇宙（U.）意味着密度参数 Ω 精确地为 1，然而重子和暗物质的质量加一块儿还不足以大到产生这个结果。这是怎么回事？这个问题的奇怪答案在过去的二十年里才变得清晰，它颠覆了我们对宇宙学的许多认识。

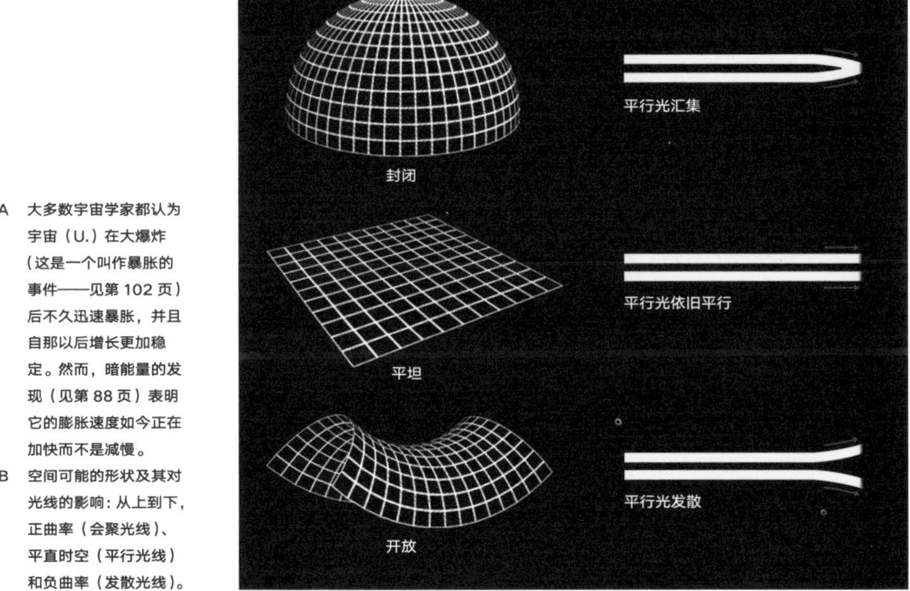

A 大多数宇宙学家都认为宇宙（U.）在大爆炸（这是一个叫作暴胀的事件——见第 102 页）后不久迅速暴胀，并且自那以后增长更加稳定。然而，暗能量的发现（见第 88 页）表明它的膨胀速度如今正在加快而不是减慢。

B 空间可能的形状及其对光线的影响：从上到下，正曲率（会聚光线）、平直时空（平行光线）和负曲率（发散光线）。

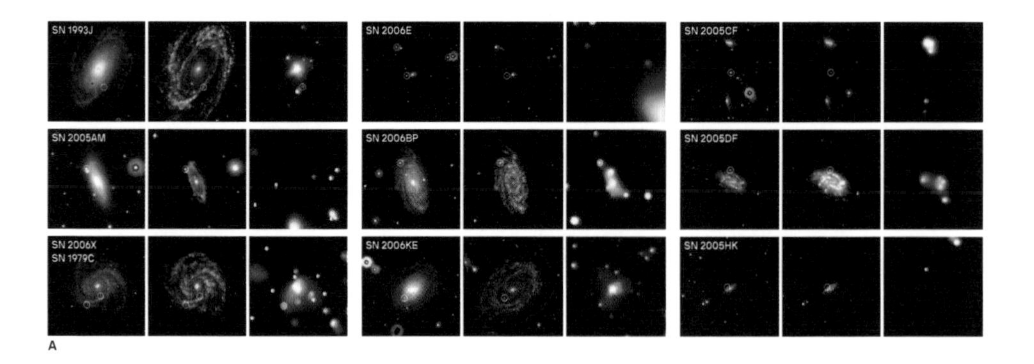

A

20 世纪 90 年代中期，天文学家热衷于寻找一种独立的方法来测试哈勃太空望远镜所收集的宇宙膨胀数据。他们偶然地找到了一种巧妙的测量方法来替代经典的“造父变星”测距方法。理论模型表明，一种被称作 Ia 型超新星的爆炸恒星总是释放出完全相同的能量，因此达到相同的峰值光度。理论上来说，这点让天文学家将它用作“标准蜡烛”——人们可以把一种物体的内在光度与它在地球天空的表观亮度相比较，从而计算出它的真实距离。

有一个重要问题：Ia 型超新星是罕见的一次性事件。像银河系这样的星系也许每一千年才出一个这种超新星。即便如此，它从变亮到变暗的过程只有短短几周。因此，在短时间内探测大量 Ia 型超新星需要对数千个独立星系进行长期研究。而只有随着计算机化天文学兴起，这种长期研究才成为可能。此外，比起在我们的宇宙后院，你更有可能在很远的距离（因为有更多的星系可供选择）上找到正确类型的超新星。

Ia 型超新星（type Ia supernova）
由中子星引起的恒星爆炸，这种中子星变得太大而无法支撑自身重量，因此会突然瓦解成黑洞。因为这总是发生在特定的临界质量，爆炸总是释放相同的能量并达到相同的峰值光度。

计算机化天文学（computerized astronomy）
大规模使用计算机、电子电荷耦合组件探测器和其他设备来自动捕获和处理数据，这让天文学家可以在一次望远镜观测中测量数百个物体，而不是一次研究一个。

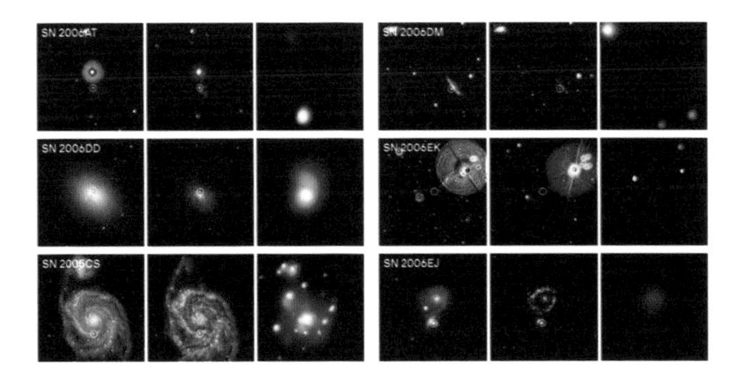

A　这些超新星爆炸图片由光学、紫外线和 X 射线辐射照相机捕获。超新星可以比整个星系更亮，并且（如果它们是正确的类型）提供了一个方便的宇宙距离尺度。

B　V445 船尾座恒星可能是 Ia 型超新星的未来候选星。它有一个牢固的二元系统。它目前在两个“双极”壳中脱落物质。

尽管如此，这使得“超新星宇宙学”成为检验宇宙远距离膨胀的一个很好的方法。国际高红移超新星搜索队和加州超新星宇宙学计划，这两个团队开始测试这一理论。从那时起，他们收集了 42 颗红移较高的超新星的数据，它们距离我们几十亿光年，以及相对较近宇宙（U.）中 18 颗超新星的数据。

因为人们可以在比造父变星更远的距离上看到超新星，测量结果远远超出了哈勃太空望远镜“关键项目”的范围。因此，天文学家猜想距离更远的超新星会比人们仅根据红移和哈勃常数所得到的预测结果要亮一些。他们认为，宇宙膨胀的速度在大爆炸后肯定在变慢，因此超新星会比预测中的要近些。

B

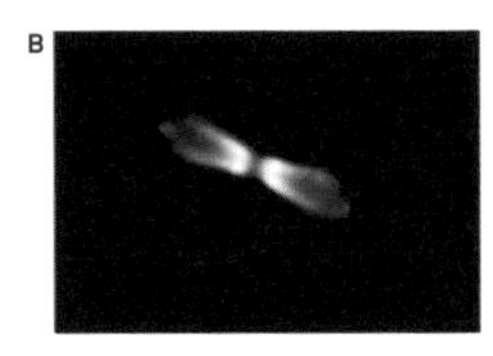

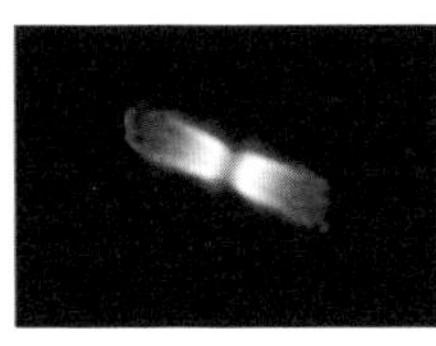

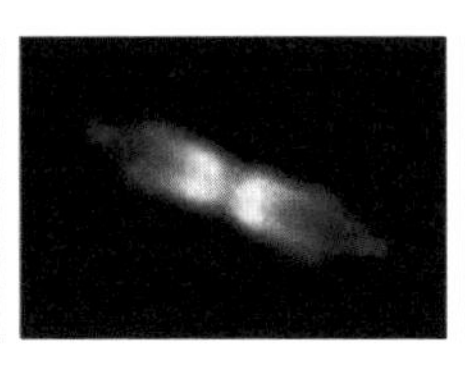

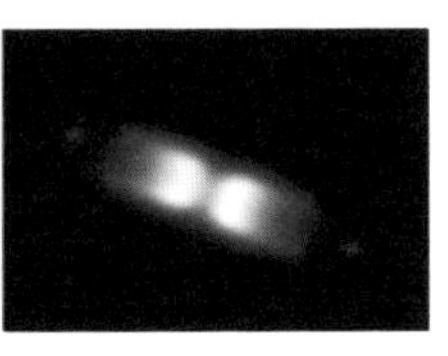

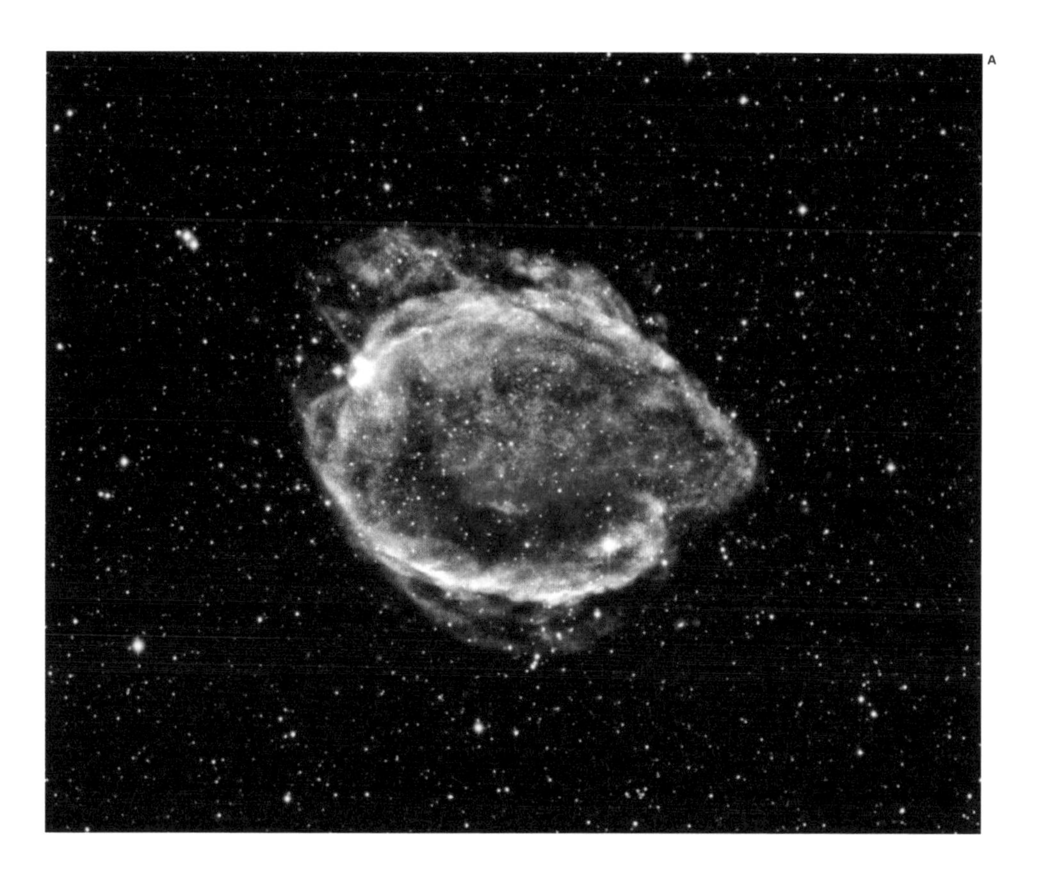
A

所以，当人们发现实际情况恰恰相反时，不免倍感意外。远处的超新星普遍比它们的红移所预示的亮度更微弱。1998 年，在天文学家花了几个月的时间试图寻找其他解释之后，他们发表了证明宇宙膨胀事实上正在加速的证据。

尽管“暗能量”这个术语本身并不能解释这种神秘的力量到底是什么，但美国宇宙学家迈克尔·特纳（Michael Turner，1949— ）还是很快创造了这个术语来描述膨胀背后的驱动力。二十年后，我们在这个基本问题上并没有比之前高明，但是大多数宇宙学家仍然同意暗能量是一个真实的现象。这一点被后来的观测所证实，它们不仅确定了加速度，还表明它随着时间的推移而改变。

直到大约 70 亿年前，宇宙的膨胀似乎确实在减速，随后暗能量压制住了引力造成的膨胀减速，膨胀开始加速。

就我们的目的而言，暗能量的确切本质并不像它的存在这一事实的意义那么重要，但仍然值得简要解释那些试图描述它的理论。

其中第一个是宇宙常数理论（cosmological constant theory）。它重新讨论了爱因斯坦在 1915 年首次提出的一个想法，即空间具有某种内在的性质。这种内在性质使空间随着时间的推移而膨胀，它超越了大爆炸本身引发的膨胀。这种性质实际上是固定体积空间固有的少量能量，它以某种方式产生了一种排斥效应来对抗引力向内的拉力。这种效应在局部空间是无法检测到的。它只有在很远的距离才会变得清晰，还会随着时间的推移而增加［随着宇宙（U.）空间体积大小的增加而增加］。这与暗能量随着时间的推移而增强的证据非常吻合。

A　来自钱德拉 X 射线望远镜的这张彩色编码的图像呈现了 Ia 型超新星残骸中正在膨胀的热气。这次爆炸被认为是异常“不平衡”的。

B　此图显示了三种宇宙学观点导出的宇宙演化过程：传统的爱因斯坦相对论下的宇宙（绿色），一个由暗能量推动的宇宙（U.）（红色）和一个新提出的方案（蓝色）。这个新提出的方案可以解释宇宙加速但不需要暗能量。右图上的每一条线都对应于宇宙结构（左栏）的预测模式。

B

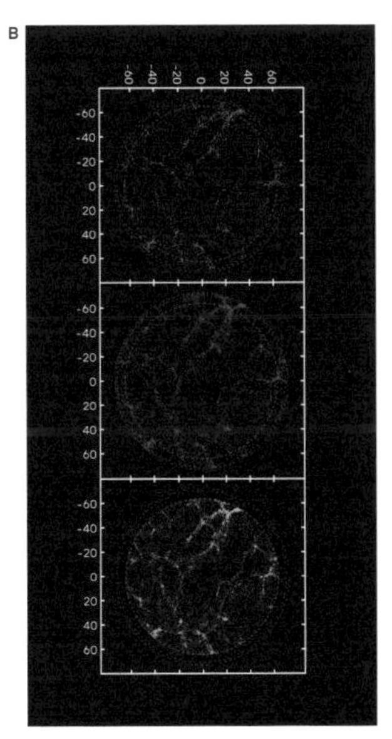

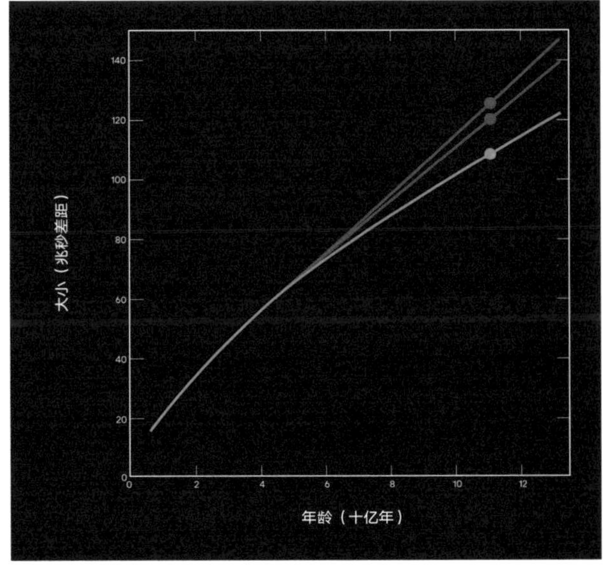

主流的替代解释是所谓的“典范”理论（"quintessence" theories）。它们和宇宙常数不同，因为它们将暗能量视为一种不均匀的性质。这种性质在空间的某些区域积累，并使该区域的空间比其他区域膨胀得更多。典范理论种类相当多，但它们都有一个基本方法，即将暗能量视为第五种基本力，有点类似于万有引力、电磁力和原子核内的力。

不管暗能量的性质是什么，它确实为我们宇宙（U.）所被观测到的平坦度提供了一个有点令人惊讶的解释。尽管事实上暗能量推动了膨胀而不是有助于引力的向内拉动，但它仍然是空间总能量的一个来源。因此，它也可以被认为有质量（根据爱因斯坦的 $E=mc^2$ 方程），并因此让密度参数 Ω 向 1 转变。

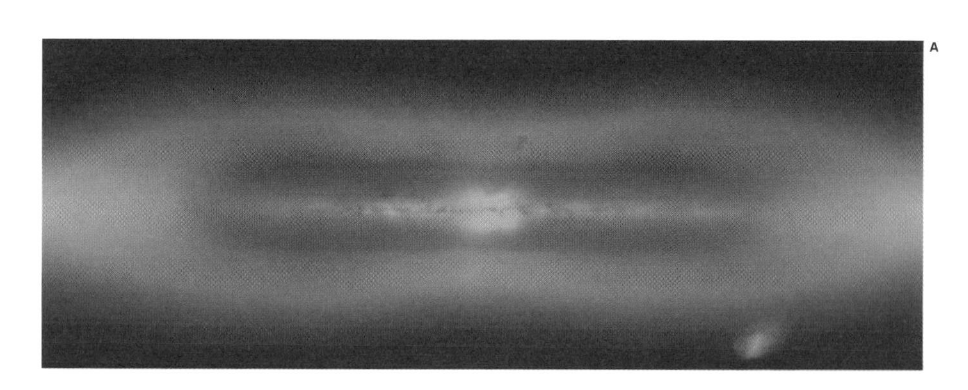

A

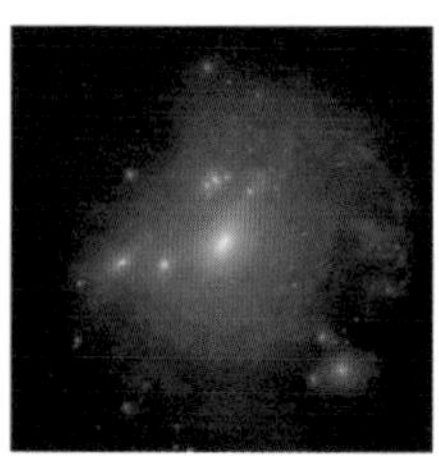

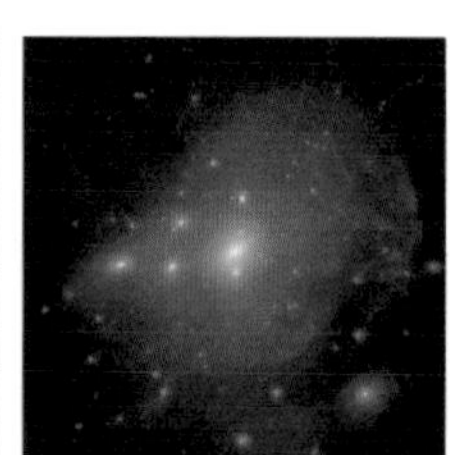

B

C

威尔金森微波各向异性探测器和其他卫星对宇宙微波背景辐射的测量得出结论：宇宙（U.）中的质量/能量是由仅占4.9%的普通重子物质、占26.8%的暗物质及占惊人的68.3%的暗能量所构成的。在这个层面上，宇宙看起来是平的（平行线实际上是平行的，且在最大的尺度上，维度保持相互正交的空间三维网格远远延伸出可观测宇宙（U.）的界限）。尽管如此，暗能量的怪异本质意味着宇宙正以不断加速的速度在变大。

两个关键问题依然存在：这是我们能够解释宇宙形状的唯一角度吗？这对宇宙的未来意味着什么？

正交（orthogonal）
如果两个方向呈直角（准确地说是90度），则称两个方向为正交。

A　暗物质盘（红色轮廓）和银河系地图集的马赛克图的合成图像，由里德和奥格茨（J.Read & O.Agertz）所作，图像是“两微米全天空测量”（2MASS）项目的部分成果。
B　这些密度图根据四种不同的暗物质模型，预测了螺旋星系光晕中的质量密度。
C　这幅概念艺术品表明我们对宇宙（U.）的看法可能受到黑洞附近被扭曲的时空的影响。

4. 多元宇宙的形状
The Shape of the Multiverse

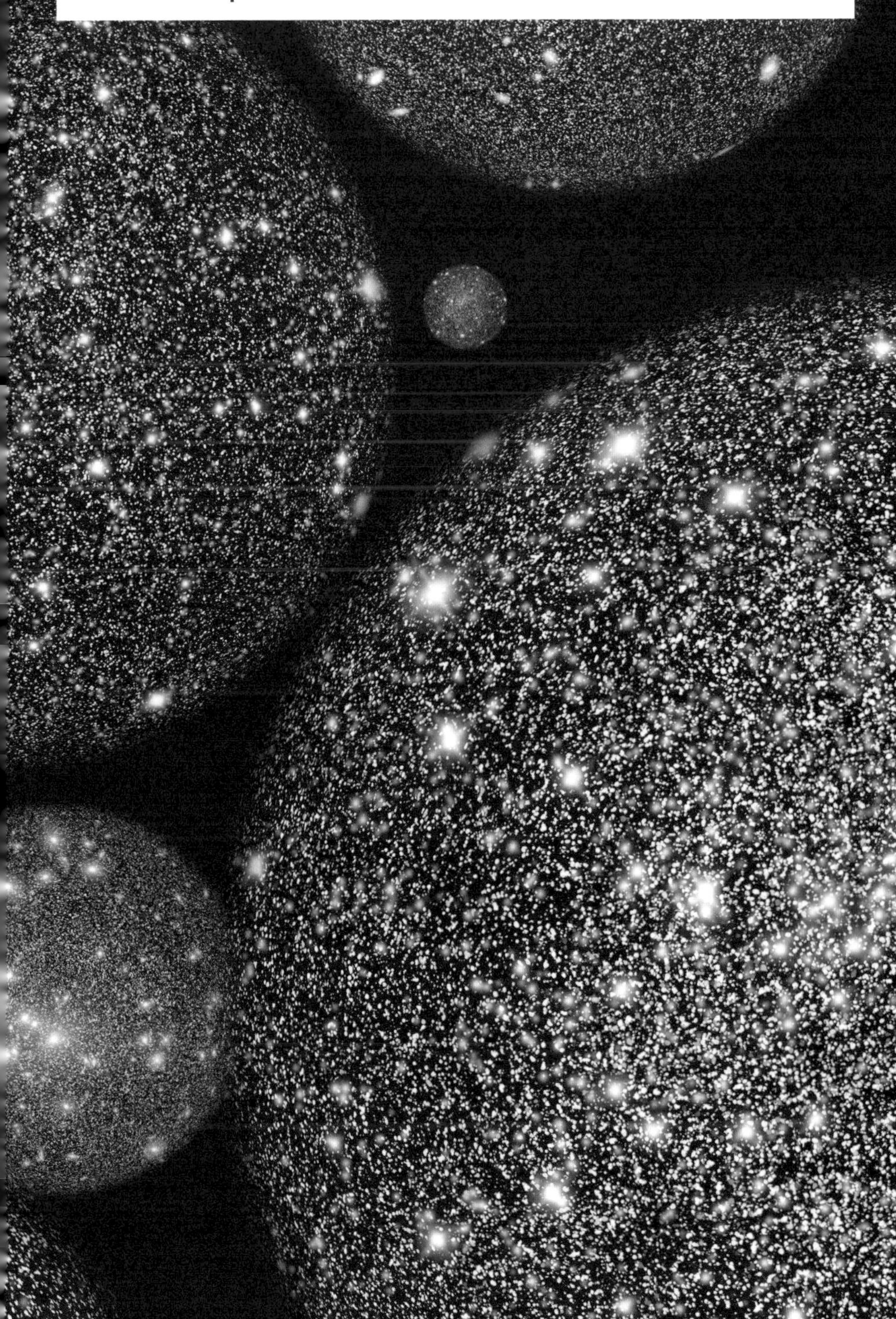

A

如我们在第3章中所见，近期有关暗能量（无论它最终实际上是什么）的发现完美诠释了为何微波背景在说明时空即便在最大的尺度上也是“平坦”的同时又揭示了宇宙正在加速膨胀。

因此，我们可以确定，可观测的宇宙（多亏了光固定的速度，我们可以观测到有限的时空体积）是一个半径约为460亿光年的正在膨胀的球形气泡。空间的三个垂直维度形成了一个统一的“网格”。在这个有时被称为哈勃体积的区域内，厚重的物体（从行星到星系超星系团）所产生的引力场在局部区域一起“挤压”了空间的维度（同时“拉伸”了时间维度以产生一种称为时间膨胀的效应），但是这些扭曲在最大的尺度上显得微不足道。

但是可观测的宇宙（U.）之外的区域怎么样？对于宇宙（U.）年龄和光速所创造的任意屏障之外的空间的形状，我们能说些什么吗？

哈勃体积（Hubble volume） 宇宙中任何一点周围的球形空间体积。它由光线从大爆炸不久之后的复合时期开始所能走过的距离来定义。

时间膨胀（time dilation） 物体高速运动时，相对时间流逝的减慢。爱因斯坦的狭义相对论预测了时间膨胀。人们还证明时间膨胀会影响飞行的喷气式飞机和导航卫星上的精确时钟。

A 来自强大望远镜的长曝光图像可以捕捉到星系，这到达了可观测宇宙的极限——但是更多的星系永远无法被它们捕捉到。

B 科学家约瑟夫·哈菲勒（Joseph Hafele）和理查德·基廷 (Richard Keating) 在 1971 年携带了四个原子钟进行环球航空旅行，以此展示了时间膨胀的奇怪现象。

B

最显而易见的结论是，空间是无限的（从这个词最简单的意义上来说）——我们可以永远沿着一个方向游历，永远不会探索到宇宙（U.）的范围外，或者发现自己回到了起点。基于现有的证据，我们可观测的宇宙的外缘正加速远离我们。即使我们能以光速旅行，也无法抵达它。

但是除此之外，即使我们能够以某种方式实现不可能的事情，并且以比光速快很多倍的速度旅行，我们仍然会发现有无限的空间可以探索。当然，我们自己的可观测宇宙会和我们一起移动（因为根据定义，我们处于它的中心）。所以以地球为中心，如果我们到达可观测宇宙的“边缘”（大约距离银河系当前位置 460 亿光年的地方，大爆炸复

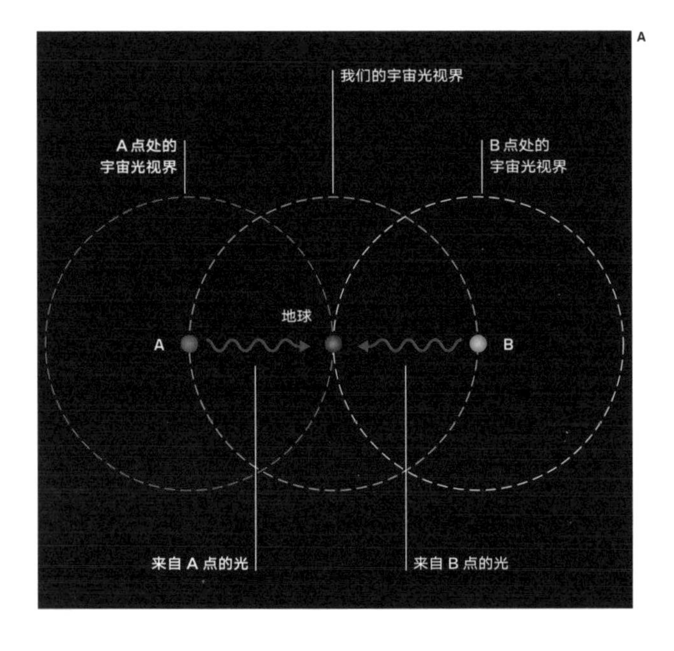

无限（infinity）在数学术语中，任何在特定方向或是特定意义上，永远测量不到极限的量。最简单的无穷大是“实数”或计数数，它可以从 1 开始无限向上计数。

A 光速将我们自己的哈勃体积（蓝色）限制在大约 460 亿光年外的宇宙光视界上。世界上在相反方向（红色和黄色）边缘的天文学家可观测到他们自己空间区域的边缘，但这两个世界将永远相互隔离。

B 宇宙微波背景辐射是我们所能观测到的最远的辐射，它通常被视为我们哈勃体积的外缘。

B

合时期释放的光刚刚到达这里），我们将能够从相反的方向观测对地球上的天文学家永远隐藏的空间区域。

事实上，我们穿越太空时，会发现自己穿越了无数个哈勃体积——像我们在地球时所拥有的时空气泡一样重叠的时空气泡，每个气泡都从原始大爆炸的极小部分开始膨胀，并向各个方向延伸。因此，把最大规模的空间想象成一个以惊人速度（远远快于光速）增长并由无数快速膨胀的气泡组成的巨大球体似乎是合理的。

这解决了空间形状的问题。但别急，看似平坦的宇宙（U.）的无尽延伸实际上只是宇宙无限性的几种不同表现之一。其中一些意味着存在超出我们通常感知范围的其他维度。即使在我们熟悉的三维空间中，空间是平的，那么在这些更高的维度中，它仍然可能呈现奇异的形状。

做好准备，因为事情会变得很奇怪。

物理学家通常将集合多个独立“宇宙”（无论你想怎样定义它们）的复杂结构称为“多元宇宙”。这个术语最早是由美国哲学家威廉·詹姆斯（William James，1842—1910）在1895年创造的（尽管他相当粗略地谈论的是超越世俗的感知概念）。同时，第一个提出多元宇宙可能是物理现实的人是奥地利著名物理学家埃尔温·薛定谔。他在1952年的一次有影响力的演讲中提出了这个想法。

以上所描述的无穷无尽的时空，和数量上无限的可观测宇宙，是我们能想象的最简单的多元宇宙类型。关于它的性质，我们能推断出什么？与我们所处宇宙质料相同并源自我们假定各处状态均等的大爆炸，它们实际只是“更多的时空”。如果我们能通过魔术门进入多元宇宙的另一部分，我们可以合理地期望它们的基本情况与我们的十分相似：空间仍是三维的，时间是一维的，以常见方式运算的物理常数也不变。

A

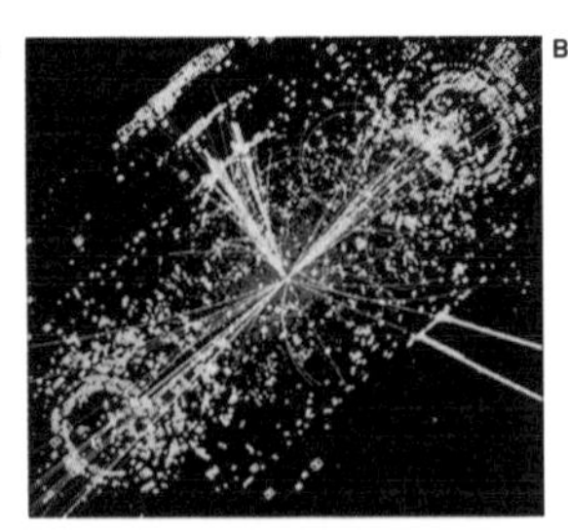
B

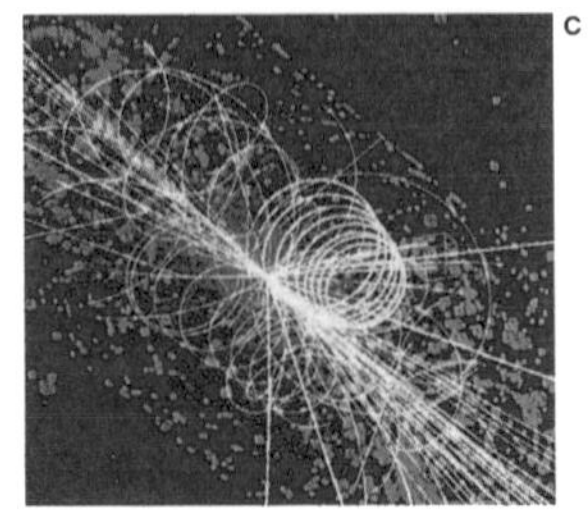
C

A–C 粒子物理学家通过使用大型强子对撞机等机器以接近光速的速度碰撞亚原子粒子来探测量子行为。这种碰撞产生巨大的能量，短暂地使独立粒子被限制在原子核内，如希格斯玻色子（Higgs Boson，在B和C中模拟）。

D 与正常物质接触时，反物质通常会被瞬间摧毁。但它可以被限制在磁场内。2011年，科学家们发现了一个“反质子”（粉色）储层，它被地球表面几百千米外的磁场层困住了。

当然，可能会有一些有趣的变化。例如，尽管我们不能确定，但是多元宇宙的某些部分可能被反物质所主宰。

物质和反物质理论上是在大爆炸期间产生的，两者的数量相同。物质在当今宇宙中的主导地位仍然是个谜。有人怀疑这与某些亚原子粒子的相互作用从根本上打破了“对称性”有关。这可能意味着整个多元宇宙都偏向由物质占主导的方向，但我们还不能完全确定。

埃尔温·薛定谔（Erwin Shrödinger，1887—1961**）**量子力学中的关键人物，他提出了描述粒子以不确定的值展现波动性质的方程。在关于这对物理学意味着什么的辩论中，他还起了主导作用。

反物质（antimatter）与日常物质电荷相等但符号相反的粒子。它们有一个令人讨厌的性质：在与正常物质粒子接触时，会完全湮灭，并释放出强烈的能量。

对称性（symmetry）在粒子物理的语言中，对称相互作用是指系统的某些性质反转（如所有粒子的电荷反转或时间倒流）后，仍保持不变的相互作用。

A

对于多元宇宙来说，“更多的相同”乍一看似乎有点乏味，但我们必须记住，我们谈论的是无限多的相同。在基本物理参数范围内，无限多种可能的场景可能会出现在不同的可观测宇宙（U.）中。可能会有另一个星球或多或少和我们的一样，在那里有另一个你和另一个我——只不过在那里我是左撇子，你乘飞艇去工作，我们都是恐龙的后代。事实上，如果多元宇宙真的是无限的，那么几乎必然有那样一个世界，以及所有其他可以想象的和物理上可能出现的结果。

然而，这种时空延展的多元宇宙只是多元宇宙的一种类型——在有影响力的宇宙学家马克斯·泰格马克所归类的四种宇宙中，这种扩展是最低级也是最直观的层次。在泰格马克的“数学宇宙（U.）”假说中，每种多元宇宙都可以嵌套在一个更高级、更深

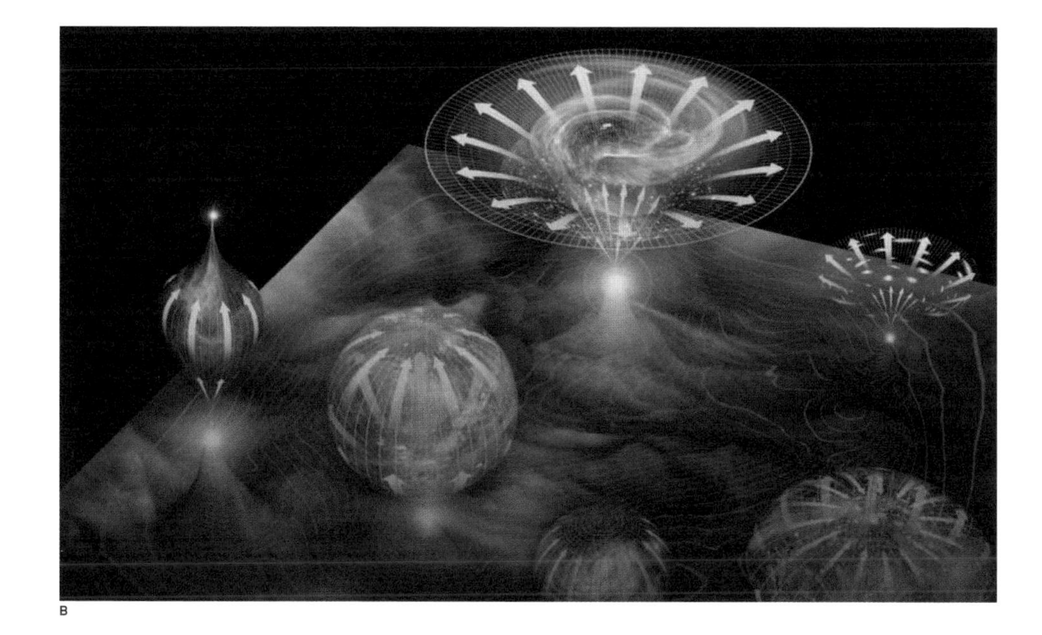

B

马克斯·泰格马克（Max Tegmark，1967—**）**
瑞典裔美国人，麻省理工学院的宇宙学家，以其数学宇宙假说和他从宇宙微波背景辐射提取宇宙结构的新信息而著称。

奥的层次上。所以，以上讨论中相当直观的无限时空的“一级”多元宇宙，只是“二级”多元宇宙中众多（可能有无限多）这样的结构之一。依此类推……

但是这些更高的层级到底是什么呢？层级越高，它们越难以理解，所以我们将从第二级开始讨论。

从本质上说，二级多元宇宙是一个不断产生“气泡”的物体，这些气泡本身就是一级多元宇宙，并且可能显示出彼此显著不同的特征。虽然一级多元宇宙的所有部分有相同的基本物理性质，但二级多元宇宙中分开的气泡可能显示出截然不同的物理常数——甚至是不同维度数下的不同时空排列。

A　二级多元宇宙概念依赖于一种可能性，即具有独特性质的新时空气泡不断从宇宙的原始多维物质中膨胀出来。

B　时空中每个气泡的维度数和物理常数的精确组合决定了它的命运。有的气泡在形成时很快崩溃；其他的气泡扩张并撕裂它们本身的一切。只有一小部分气泡有产生稳定物质的合适条件。

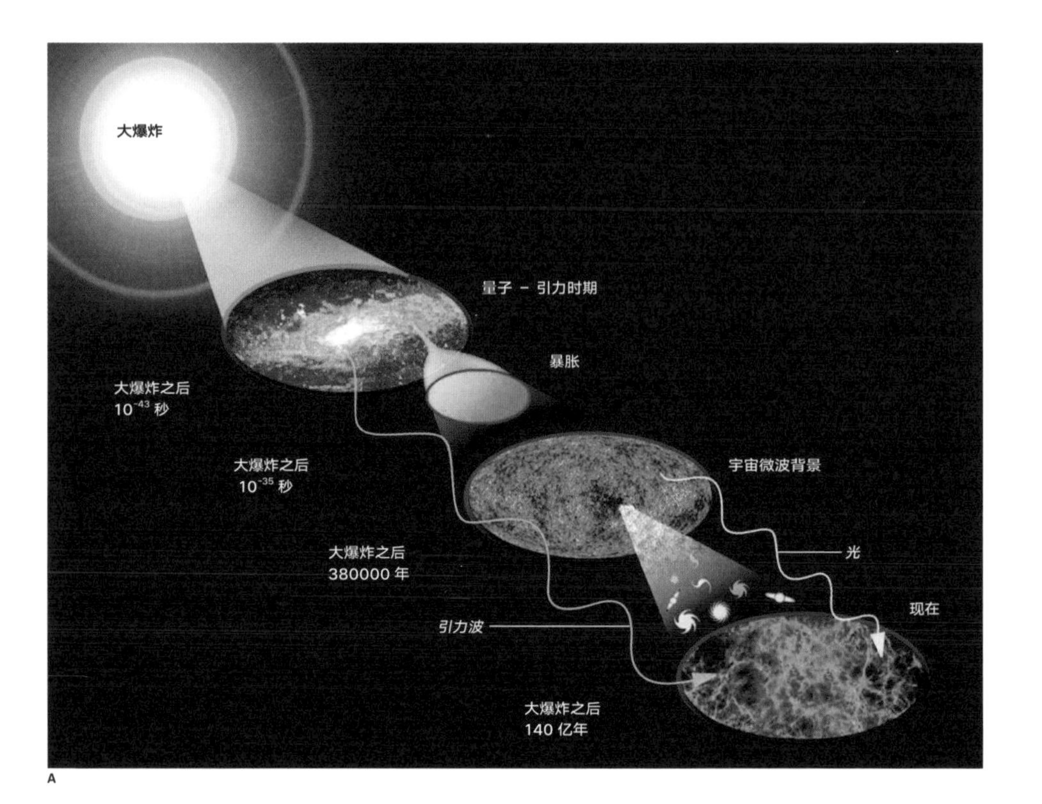

A

二级多元宇宙论点的证据来自宇宙（U.）早期历史中发生的一个重要事件。它仅发生在大爆炸后的 10^{-35} 秒。这一事件被称为暴胀，它见证了初期宇宙（U.）的一小部分突然剧烈膨胀，从一个小原子的大小膨胀到像银河系一样的星系大小，然后在大约大爆炸后 10^{-23} 秒结束膨胀。

从 20 世纪 70 年代末开始，包括美国的阿兰·古斯和俄罗斯的安德烈·林德在内的宇宙学家将暴胀理论与大爆炸理论结合起来，以解决原始理论的预测和我们观测到的周围宇宙（U.）中实际情况之间的许多差异。

最重要的是，它解释了宇宙（U.）中大规模结构的存在，以及我们在这里的事实。我们已经看到，甚至在宇宙微波背景辐射（CMBR）形成之前，这些结构就已经通过引力对暗物质的影响开始合并，但是如果大爆炸符合艾萨克·牛顿的宇宙学原理（见第 3 章），它应该已经产生了绝对平滑的物质分布。

那么最初少量的质量集中体是源自哪里呢？质量集中体的引力经过增强，并开始先将暗物质，后将明物质吸引到纤维状结构和空洞的宇宙网中。暴胀理论回答了上述问题：在亚原子尺度的量子物理规则下，婴儿宇宙不可避免的微小变化被突然放大，于是产生了最初的质量集中体。根据这一理论，我们整个的可观测宇宙，甚至在更宽泛意义上的一级多元宇宙，都是在更大的大爆炸中从一个原子大小的区域迸发出来的。这个想法已经被广泛接受（如果不是一致认可的话），但显而易见的问题是：什么触发了它？为什么它只发生在我们宇宙（U.）的特定部分？

阿兰·古斯（Alan Guth, 1947— **）** 宇宙学家，以他在1980 年提出暴胀作为解决几个问题的方法闻名，他使用的是当时的标准大爆炸理论。

安德烈·林德（Andrei Linde, 1948— **）** 俄裔美国物理学家，提出了早期宇宙（U.）相变的观点。这启发古斯提出了暴胀理论。后来，林德拓展了这个理论，来预测暴胀多元宇宙的可能性。

A　大爆炸后不久，宇宙经历了一个短暂的时代。在这个时代中，各种力被统一在一个控制一切的单一超级力中。暴胀把宇宙（U.）的一小部分炸成了我们今天所知道的一切，但是我们只能用光来探测宇宙。探测的范围可往回追溯到宇宙微波背景辐射。然而，新发现的“引力波”可以让天文学家更多地了解量子引力时代的情况。

B　亚原子粒子的行为会受电磁力、强力和弱力的影响。但在少数情况下，它们似乎不受引力的影响。

B
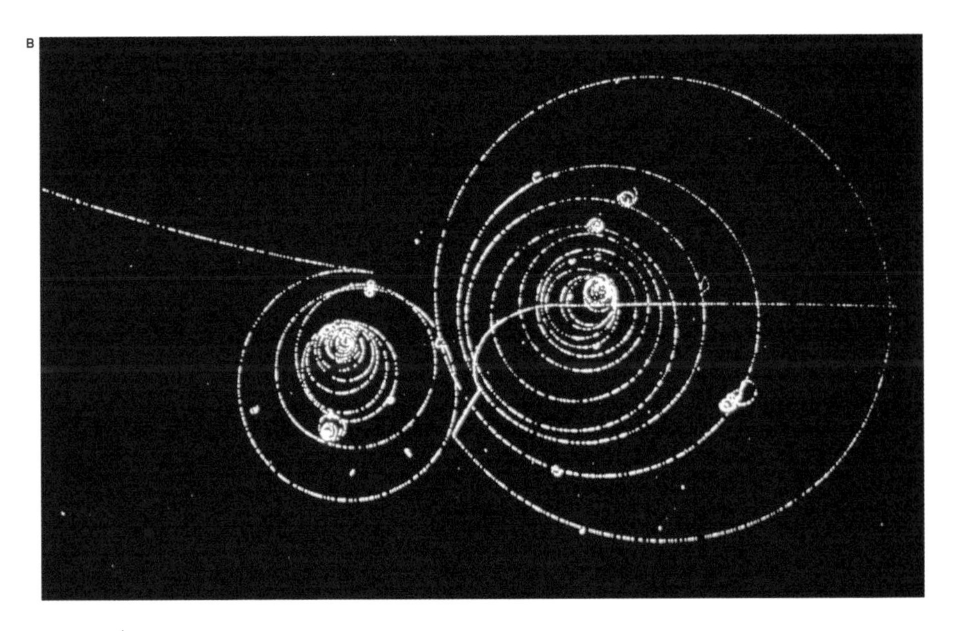

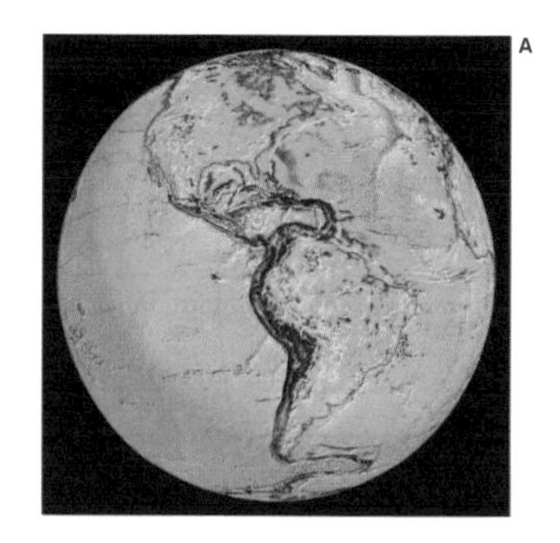

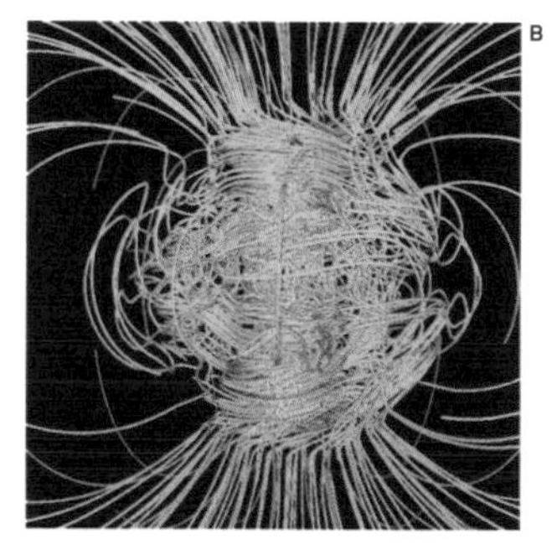

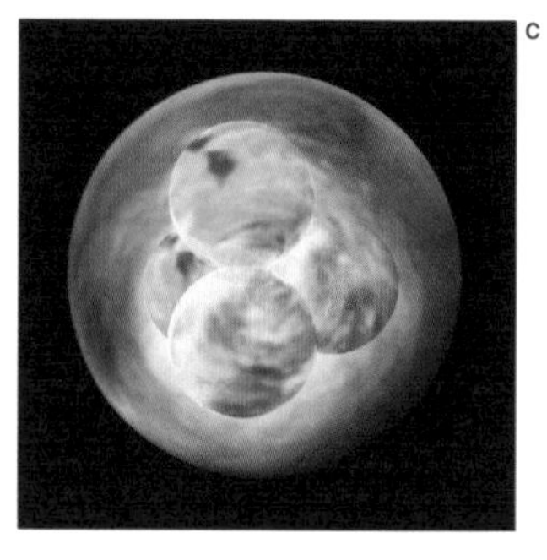

基本力（fundamental forces）宇宙（U.）中控制物质相互作用的力量，包括电磁力、引力和在原子核的微小尺度上作用的强力和弱力。

宇宙学家普遍认为，暴胀最有可能的驱动力来自一个被称为“相变”的事件。在宇宙大爆炸后的第一瞬间，宇宙的四种基本力开始从原始的“超级力”中分离出来。“相变”释放出大量的能量。我们日常经验中最熟悉的相是物质的状态——原子或分子的固态、液态和气态排列，例如冰、水和水蒸气即为水的三种相。但是对于物理学家来说，相可以是任何物质的一种排列。

重要的是，物质的任何相都有一定量的能量结合在其中。回到物质的状态，固体是一个低能相，其中单个粒子不怎么运动，而蒸气是快速运动粒子的高能相。因此，物体从一个相过渡到另一个相，会涉及被称为潜热的能量的供给或释放。例如，一锅沸水仍然需要补充额外的能量（它的“蒸发潜热”），以打破分子间的键来转变为蒸汽。相反，冷却到冰点的水必须除去多余的能量（它的“熔化潜热”），以形成固态冰的稳定键。

暴胀最通俗的解释是四种基本力的排列发生类似的相变。现代理论物理学的一个可行的假设是，在极端条件下（如大爆炸第一秒钟出现的高温，以及当今粒子加速器内由碰撞快速产生的高温），这些力控制的行为开始变得相同。众所周知，电磁力和弱力合并成一种单一的“弱电”力。人们认为强力也参

与产生一种“电核力”。作为当今四种力中最奇特、最不同的万有引力是最难调和的，可能只是在创造的第一瞬间才与其他力量结合在一起。

当每一种力分离出来时，最初的“超级力”有效地改变了相，并下降到一个能量较低的状态。这个过程释放出大量多余的能量。通常认为是这种能量推动了暴胀。

在这个阶段，如果你想知道暴胀及其驱动力与多元宇宙到底有什么关系，那是合情合理的。答案在于林德 1983 年提出的一个激进的理论：若暴胀是一个自然的、持续的现象，任何地方、任何时候都在发生，那将会怎样？

引力是由质量集中体产生的。这张地图用黄色、橙色和红色显示了引力的强弱分布。

电磁场是由带电荷的粒子产生的。电流在地核中的整体运动产生了我们星球的复杂磁场。在这张由计算机模拟地球磁场（地球动力学）形成的照片中，所建地球模型的旋转轴是竖直的。三维磁场用磁力线来表示。其中，磁力线在磁场向内的地方是蓝色的，在磁场向外的地方是金色的。在产生磁场的地球液核内部，磁场更加强烈和复杂。

虽然强力和弱力都远强于电磁力或引力，但仅限于在难以置信的短距离内。因此它们只能在原子核内被感受到。

虽然这些力是在大爆炸后一秒内变为独立的，但是物理学家仍然可以估计分裂的顺序。

D

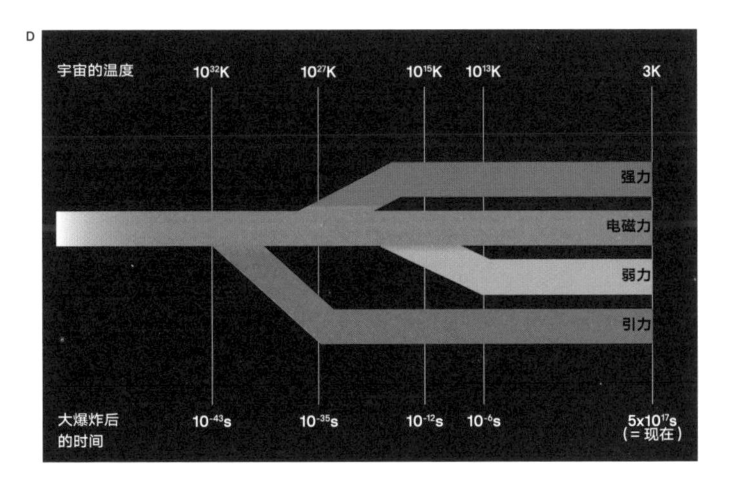

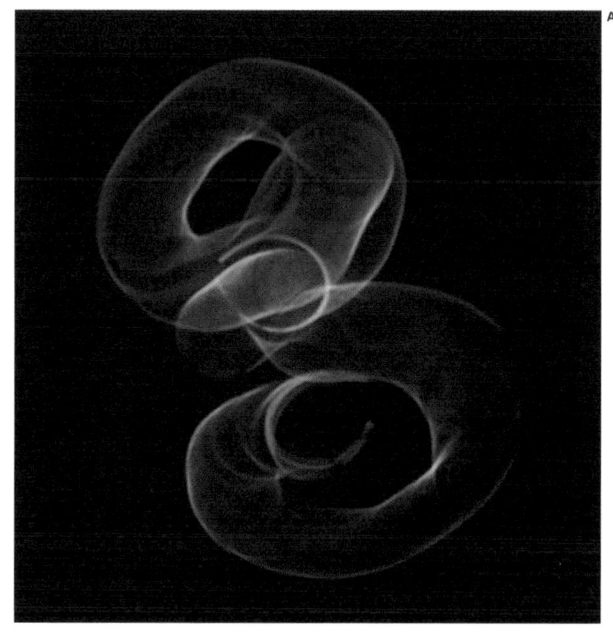
A

B

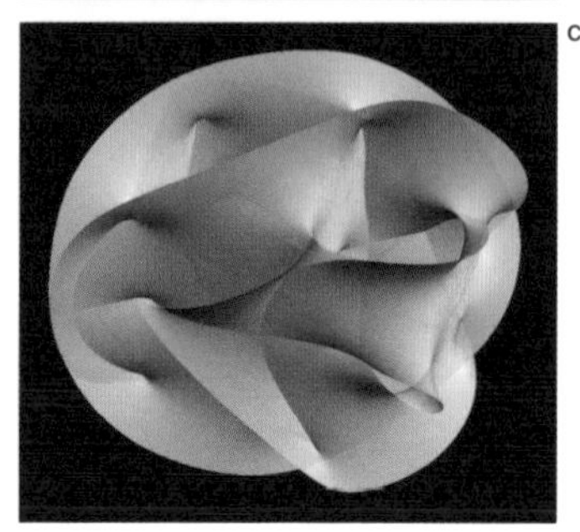
C

林德的想法被称为混乱或永恒的暴胀。它基于这样的认识，即相不仅适用于物质和力，也适用于时空本身。相同的理论模型尝试统一基本力并试图解释构成物质基础的各种各样基本粒子。这些模型经常调用额外的空间维度来达成上述目的。

所谓的“弦理论”将粒子视为小得难以想象的能量弦，这些小能量弦（通常）在十个维度上振动。根据它们振动（类似于振动小提琴弦产生的不同音符）的谐波，它们表现出不同的特性。尽管很难想象，正常时空之外的六个额外维度是空间中额外的“方向”，每个维度都与其他维度呈直角。即使在亚原子尺度上，我们也没有感

知到这些维度。因为它们卷曲并缠绕于自身。就像一个足够远的线球看起来只是一个点，由额外维度组成并被称为“流形”的结构，从我们的角度来看也只是个简单的点。

二级多元宇宙基于这样一个想法，即这种熟悉的维度结构只是许多可能相中的一个，每个相都有自己独特量级的“真空能量”（vacuum energy）。有人认为这种嵌入时空结构中的“真空能量”给我们的宇宙（U.）提供了暗能量。在合适条件下，时空的某个特定阶段不再稳定，新的阶段会自发产生，就像香槟产生的气泡。新的气泡是被覆没并自行瓦解还是体积变大取决于新相相对于周围环境的真空能量。如果新相的真空能量比原始相大，新条件的区域会以不断加速的指数速度膨胀，在旧相的内部产生一个新的暴胀宇宙（U.）。

A 弦理论把驻波的振动“模式”（例如弦乐器上的和声）和许多亚原子性质的量子化性质（例如粒子只有特定电荷值）相提并论。

B 如果弦是存在的，那它们肯定是复杂的物体。这些复杂物体在很小的尺度上以许多不同的维度振动，以至永远无法直接被观测到。额外的维度被卷曲并折叠在自身之上，这样就无法被察觉。

C 这张电脑可视化效果图试图展示一种方法。通过使用这种方法，我们的三维感官可以感知到多维卡拉比 – 尤流形（Calabi–Yau manifold，弦中一种更高维的可能排列）。

D 如果弦理论是正确的，那么弦渗透整个宇宙（U.），这组成宇宙中所有的物质和能量。

D

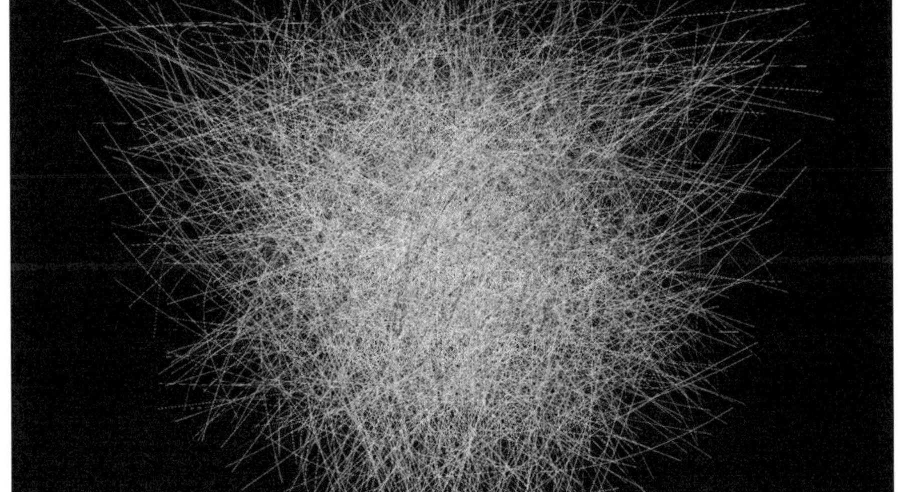

A

M 理论（M－theory）
一种统一各种弦理论的尝试。这些弦理论主张存在被称为膜的多维时空结构。它在“未卷曲”的额外空间维度中被微小的距离分隔开。

圈量子引力（loop quantum gravity）
所有事物的一种位势理论，它只涉及四个时空维度，但要求空间本身在很小的范围内是颗粒状的，由互锁和不可分割的环组成。

林德的想法一下子除去了令人烦恼的问题，即大爆炸之前发生了什么，以及它是如何被触发的。它将我们的宇宙（U.）（一级多元宇宙）转变成一个无穷尽的连续宇宙。在这过程中，它们相互促进，有时还会争夺时空“房地产”。虽然一级多元宇宙的条件大致相同，但二级结构中的独立气泡可以表现出显著不同的性质，比如具有不同数量的维度和差异巨大的基本自然常数。

当然，整个理论依赖于尚未证实的额外维度的概念。

当谈到统一基础物理学时，弦理论并不是该领域内唯一可能的理论系统。

B

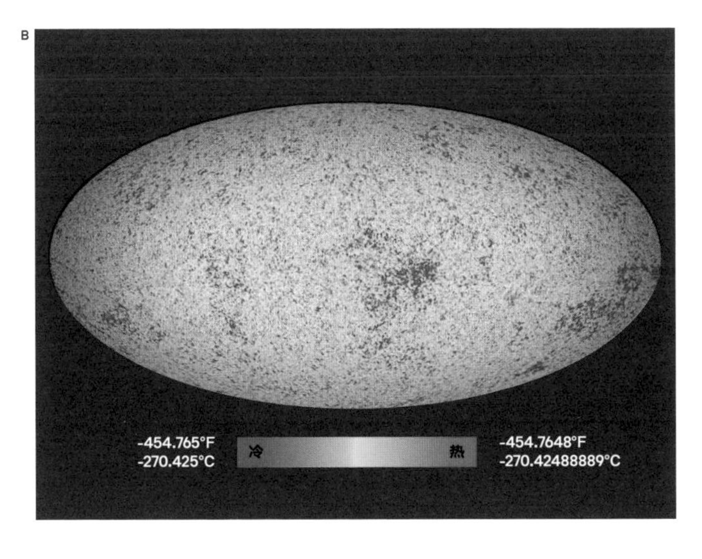

A 根据 M 理论，万亿年时间尺度上相邻膜之间的碰撞可能会触发新的大爆炸。

B 作为宇宙（U.）中最遥远的可观测部分，宇宙微波背景辐射明显是寻找其他二级多元宇宙撞击我们宇宙之证据的地方。

C 宇宙尾流可能在宇宙微波背景辐射中以环状特征出现，比如图中靠右部分所模拟的。

虽然一些替代理论也有赖于更高维度的概念（例如，11 维 M 理论）。但其他理论，例如圈量子引力，在积极寻求避开它们的方法。

永恒的暴胀听起来可能十分异想天开，但它也是（至少在理论上）可以被证明的。如果另一个时空气泡正在撞击我们自己的宇宙，它离我们足够近以至于在可观测的宇宙（U.）中我们可以感受到它的撞击，那么它应该以“宇宙尾流”（cosmic wake）的形式产生影响我们宇宙（U.）各种属性的可见后果，包括宇宙微波背景辐射的分布。其结果，即温度略高于平均值的环形特征，将受到当前探测技术的限制暂时无法被测出。但随着天文学家继续探测宇宙（U.）诞生时遗留的辐射，这种情况可能会改变。

C

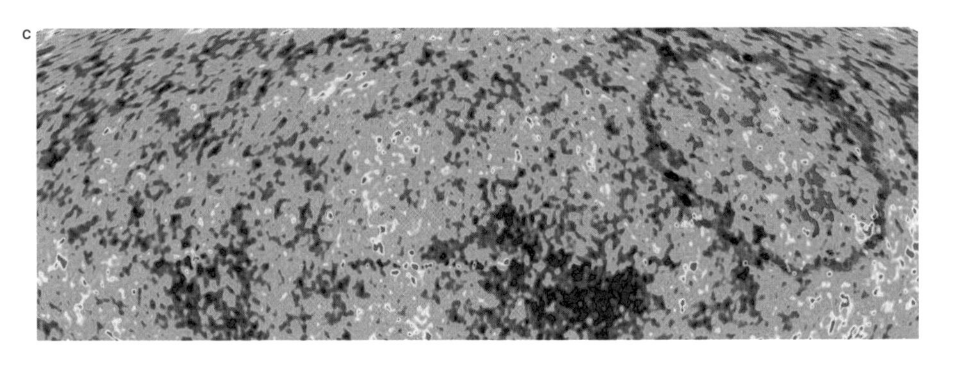

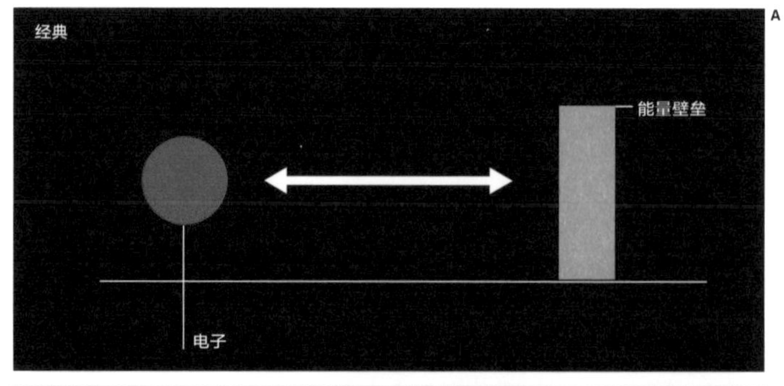

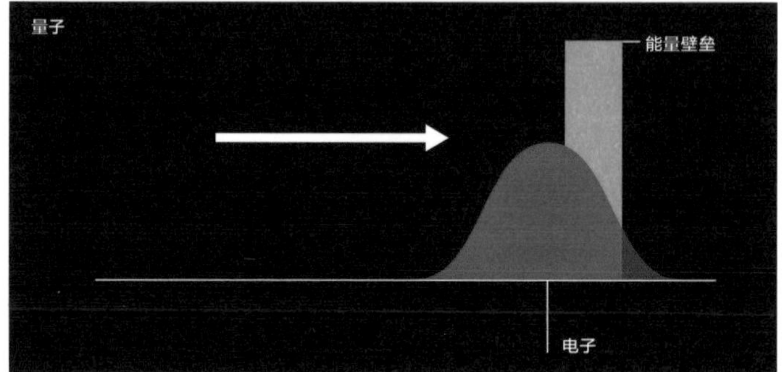

A （上图）在经典物理学中，放射性原子核发射的粒子应该被原子核边缘不可逾越的“势垒”反弹回来。放射性衰变应该是不可能的。（下图）量子波函数的展开性质创造了微小但可测量的可能性，即粒子“挖隧道”穿过位势壁垒并从另一侧出现的可能性。从而允许放射性衰变发生。

B 量子波函数是一个复杂的“对象”，它至少存在于三维空间中。和其他类型的波一样，它受干扰模式的影响，这种干扰模式可以增加粒子在某些地方出现的可能性，而减少粒子在别的地方出现的可能性。

不管二级多元宇宙是否存在，还有另一个更奇异、层次更高的多元宇宙——它完全破除了我们所持的一切关于“形状”的固有观点。三级多元宇宙从令人困惑的量子物理理论中浮现，确切来说是源自休·埃弗雷特三世在 20 世纪 50 年代提出的多世界诠释。

量子物理是控制非常小物体的物理：亚原子粒子领域。人们在大约一个世纪前发现它。它的一个关键认识是波粒二象性，即我们通常认为是粒子的物体，如电子，也可以表现出类似波的特征。这意味着一个粒子的准确性质（如它的位置或动量）可以保持波形并扩散，直到我们通过某种观测方式来“测量”它们。

这样做的一个重要结果是解释诸如放射性衰变等现象的本质。单个原子会不可预测地经历这种转变，但要遵守特定概率规则，即描述特定样品中有多少原子会在一定时间内衰变的规则。此外，衰变过程实际上包括粒子“挖隧道”穿越把原子核结合在一起的能量屏障——经典物理学认为这是不可能的，但是量子物理学认为，逃逸粒子出现在能量屏障之外的概率不为零。

不可否认，量子物理是真实的，它是许多现代技术的基础，包括电子学和激光。但这也深深困扰着我们理解宇宙（U.）是怎样运作的。在日常生活中，我们习惯了经典物理的可预测性：事情要么发生，要么不发生，除了预测可能的结果，没有概率模糊的余地。

休·埃弗雷特三世（Hugh Everett Ⅲ，1930—1982）美国物理学家，在1956年完成的博士论文中阐述了量子力学的多世界诠释。在他的想法遭到激烈反对之后，他放弃了学术界发展，转而去工业界发展——直到20世纪70年代末，物理学家才开始重视多世界诠释。

放射性衰变（radioactive decay）特定原子的不稳定原子核转变成更稳定状态的过程。在这个过程中，它通常通过排出一个或多个亚原子粒子，以形成不同的元素。

B

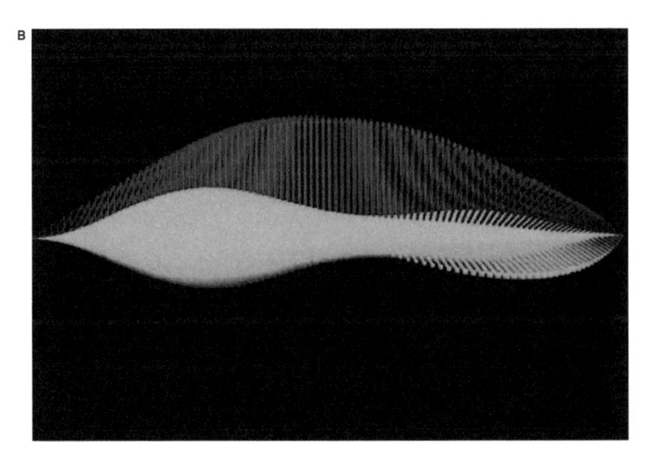

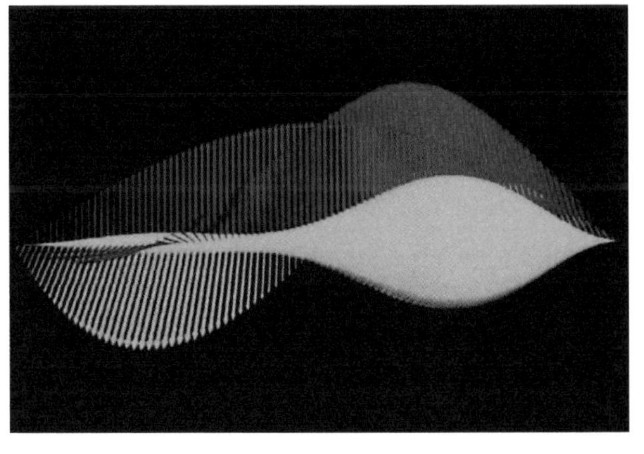

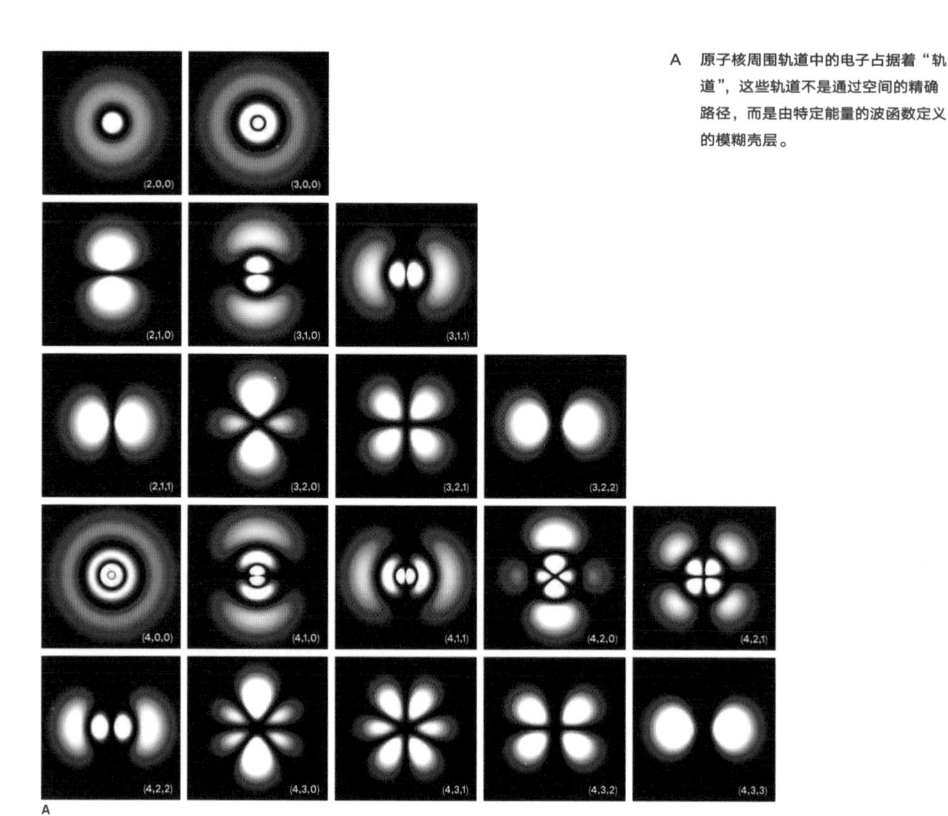

A　原子核周围轨道中的电子占据着“轨道”，这些轨道不是通过空间的精确路径，而是由特定能量的波函数定义的模糊壳层。

为了解决这一点，物理学家提出了各种“解释”——弥合量子不确定性和日常世界决定论之间差距的规则。

其中第一个也是最著名的解释是哥本哈根诠释，由量子先驱尼尔斯·玻尔（Niels Bohr，1885—1962）、沃纳·海森堡（Weiner Heisenberg，1901—1976）等在20世纪20年代中期提出。量子不确定性的这种“严格”观点认为它是真实的，粒子的精确性质只能通过观察或测量来解决。

量子物理的核心——“波函数”方程的提出者薛定谔在著名的薛定谔猫思维实验中大致阐述了他对哥本哈根诠释的怀疑。他说，想象一下，我们把一只猫密封在一个装有少量放射性物质的盒子里，还装有一小瓶毒药和一个一旦探测到放射性衰变就会释放毒药的机构。这个实验是这样设计的，在实验的持续时间里，有一半的可能性会发生这种衰变。因此猫存活或中毒的概率是50：50。

薛定谔认为，因为整个实验依赖于一个受量子规则约束的现象，如果我们从表面上看哥本哈根诠释，整个系统——放射性样本、毒药释放机构和猫——在人们打开盒子和测量放射性样本（或者更广泛地说，其当前状态的后果被观测到）之前一直处于不确定状态。换句话说，在实验进行期间，描述猫的波函数据说是以“量子叠加”的形式存在的，同时活着和死去。

当然，薛定谔知道进行这样的实验既残忍又毫无意义，因为在实验过程中不可能对系统进行观测且不结束实验。然而，他认为一只猫被困在两种状态之间的可能性是荒谬的，这足以贬低哥本哈根的观点。

波函数（wave function） 描述量子粒子性质在类似波方面的方程，例如它具有特定位置或能量的概率。

量子叠加（quantum superposition） 由两个或多个的重叠波形产生的复杂波函数，这些重叠波形与不同粒子或其他量子系统可能的状态相关。

B

C

B 照片中为 1930 年哥本哈根会议上量子物理学的先驱，包括（前排左）尼尔斯·玻尔和沃纳·海森堡。

C 薛定谔的著名思想实验假设猫同时活着和死去。

ENTRETIENS SUR LA PLURALITÉ DES MONDES.
Par M. DE FONTENELLE de l'Académie Françoise.
Nouvelle Edition augmentée.
A AMSTERDAM, Chez PIERRE MORTIER, Libraire sur le Vygen-Dam.
M. D. CCL

CONVERSATIONS ON THE PLURALITY OF WORLDS.
By Monsieur FONTENELLE.
Translated from the Last Paris Edition.
By WILLIAM GARDINER, Esq;
LONDON:

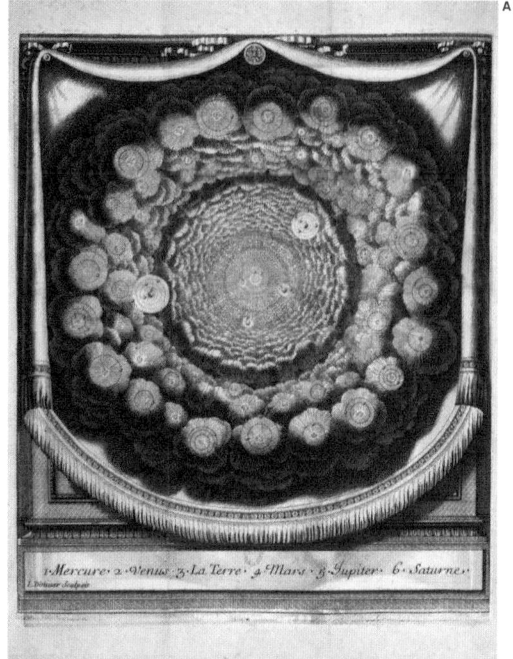

许多物理学家试图用不同的方法来解决这个问题。有的方法认为量子不确定性无论如何会随着其影响波及亚原子尺度之外而自然解决本身。也有的方法认为宇宙（U.）无论如何会提前“知道”量子事件的结果，因此它们并不像看起来那样不确定。但是埃弗雷特的解决方案可能是最广为人知的，仅因为它令人惊奇的影响。

埃弗雷特认为量子事件的不同结果是由整个宇宙（U.）分裂成两条不同的路径来“解决”的：一个宇宙（U.）对应一个可能的结果和它的后果。薛定谔的猫永远不会处在不确定状态，因为放射性衰变的量子事件本身将我们带

到一个宇宙（U.）或另一个宇宙（在前者中猫是活的，后者中猫是死的）。这两个宇宙（U.）以光速从事件发生地被撕裂开来，就像两片纸巾逐渐被撕裂一样。

因此，多世界诠释暗示了无限数量的独立平行宇宙（U.），每一个独立的平行宇宙自身都可能是一个较低级别的多元宇宙。自大爆炸以来的每一个量子级事件都创造了自己的一套分支宇宙（U.）。因此，这种三级多元宇宙的结构可以被比作一棵树，尽管其中最小的树枝会继续无数次长出分支，从而产生分形图案。

那么，显而易见的问题是，我们宇宙（U.）的其他版本在哪里？

分形（fractal）一种数学结构，如“自相似”的方程或几何图形。在这种图形中，相同的模式在越来越小的尺度上反复出现。

B

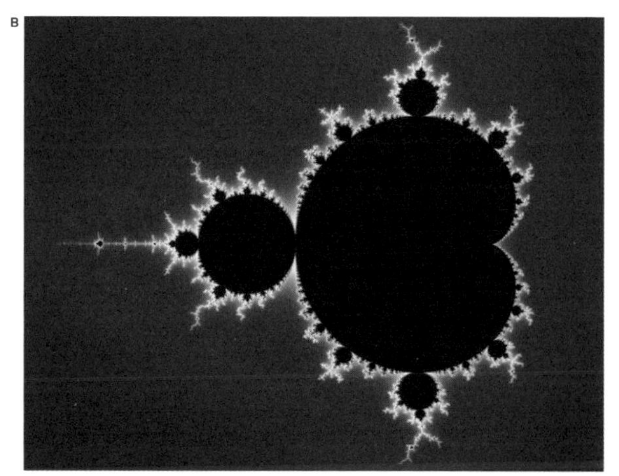

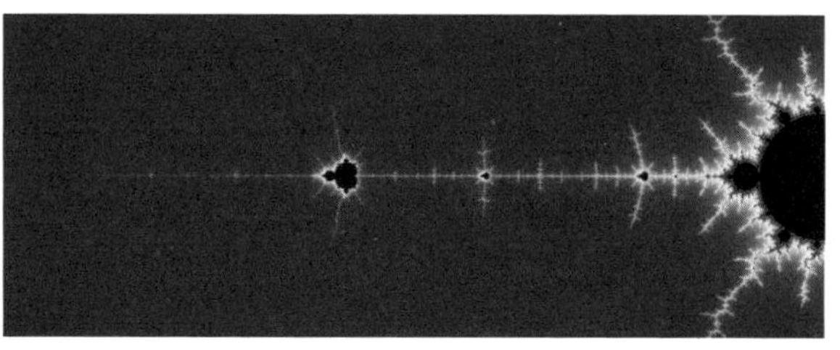

A 法国散文家贝尔纳·德·丰特内勒（Bernerd de Fontenelle）在 1686 年思考了无限“多元世界”的可能性。他评论道：“看一个如此巨大的宇宙，以至我迷失其中……我们的世界因其渺小而可怕。”他的这个评论在面对难以想象的多元宇宙时似乎特别合适。

B 曼德勃罗集是众所周知的分形：一个边界的数学描述，这个边界由看似简单的方程创建。随着我们观测到越来越多的细节，它仍然显示出无限的复杂性和“自相似性”。

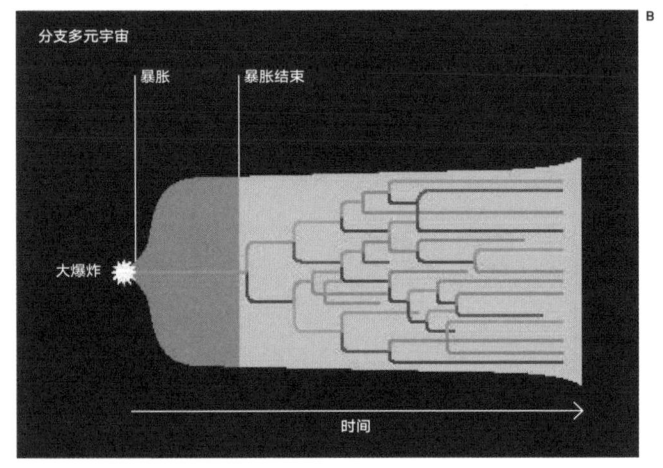

A　二级多元宇宙是从宇宙泡沫背景材料中膨胀出来的时空“气泡”中浮现出来的。尽管个别气泡宇宙的暴胀可能会结束，但如果条件合适，新气泡仍有可能从它们的内部产生。

B　三级多元宇宙由不同量子概率的连续分支产生。一些物理学家认为，直到暴胀结束，这一过程才得以实现。如果他们是对的，那么这样一个多元宇宙，尽管大得难以想象，也不会是真正无限的。

C　1891 年，戴维·希尔伯特（David Hilbert）描述了一条引人注目的分形曲线。通过一组简单的指令，就能使一条可能无限长的线填充任何有限的空间。

奇怪的是，答案是它们和我们的宇宙（U.）占据完全相同的时空。实际上，大多数物理学家将多世界诠释看成一种陈述，即我们的多元宇宙自身包含了量子事件的所有可能结果。因此，不是薛定谔的猫被困在量子叠加态中，而是我们处于无限变化的现实的一个特定分支。这个观点可以由以下论点支持，即为什么我们最终会出现在这个特定版本

的现实中——既然我们作为宇宙（U.）的具有意识的观测者存在于此，我们就必然会处在这个导致我们存在的特定版本的现实分支上。

只能用“希尔伯特空间”来描述这种多元宇宙的波函数。希尔伯特空间是一种具有非常大（可能是无限）维数的数学结构。然而，从我们理解它们的意义上来说，这种情况下的维度通常不被视为空间维度。只有在少数“现实主义”版本的“多世界诠释”中，多元宇宙（U.）才“真正”是希尔伯特空间。这种诠释表明宇宙确实在历史上的每一个时刻都通过分岔来创造新的物理现实。

量子叠加和多重物理现实之间的区别巧妙地预示了它们中最后也是最抽象的多元宇宙：一个被泰格马克命名为“终极系综”的四级多元宇宙。这是一个数学而不是物理对象，它可以产生所有其他可能类型的多元宇宙。

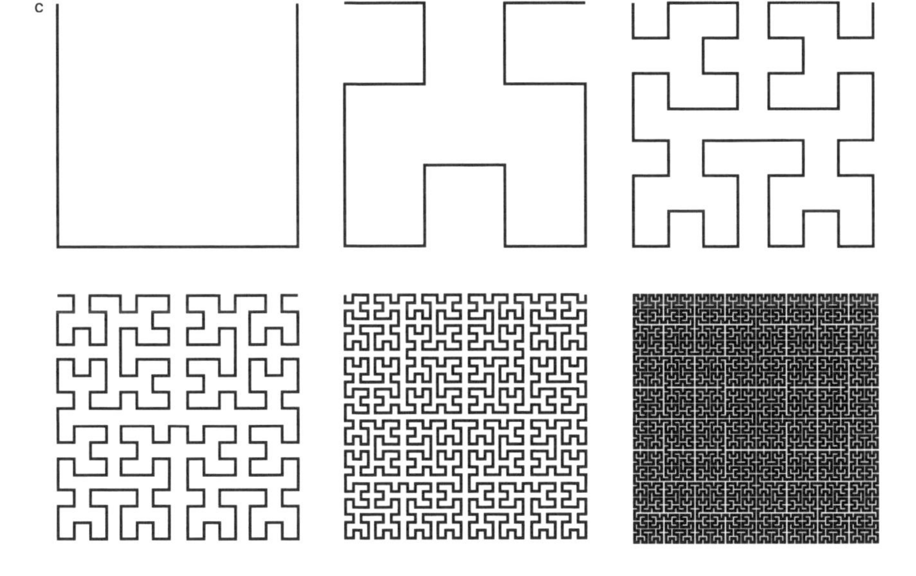

这可能看起来仅仅是数学家的一个打钩练习，但它却带来一个令人惊恐的可能性：如果宇宙（U.）可以用一个数学公式来描述，那么人们可以用一台足够强大的计算机来计算它吗？一些科学家和哲学家认为这是可能的——此外，如果数学仿真是足够详细的，并且我们是其中的一部分，我们将无法把它与真实的东西区分开来。

A 勒内·笛卡尔的《关于第一哲学的沉思》（*Mediatations on First Philosophy*, 1641）一开始就提出了“欺骗人的恶魔”的概念，把我们对周围世界的所有观察都描绘成幻觉。尽管周围世界有这样一种恶魔的可能性，但它表明人类的思想肯定是存在的，并且笛卡尔继续建立了一个由不断变化的“元素”所支配的复杂宇宙（U.）形而上学模型。

B 《黑客帝国》（*The Matrix*，1999）通过由复杂的计算机程序产生的幻觉，探索了现实的概念。对于科幻电影来说，这是一个有趣的情节。但是一些哲学家认为这可能比我们愿意承认的更接近现实。

RENATI
DES-CARTES,
MEDITATIONES
DE PRIMA
PHILOSOPHIA,
IN QVA DEI EXISTENTIA
ET ANIMÆ IMMORTALITAS
DEMONSTRATVR.

PARISIIS,
Apud MICHAELEM SOLY, viâ Iacobeâ, sub signo Phœnicis.
M. DC. XLI.
Cum Priuilegio, & Approbatione Doctorum.

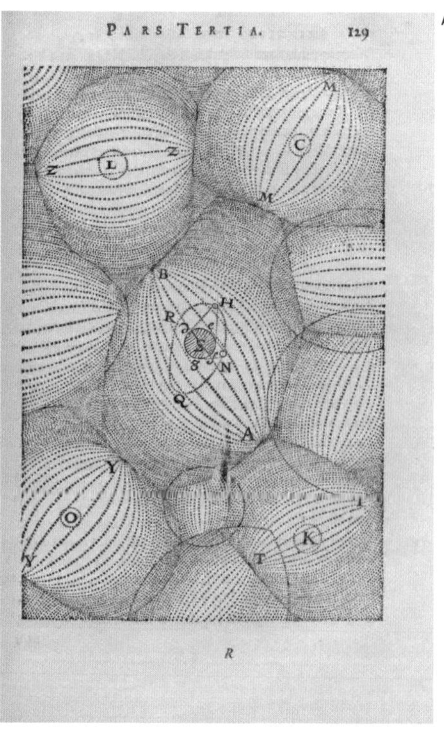

A

B

自法国哲学家勒内·笛卡尔（René Descartes，1596—1650）想象出一个“欺骗人的恶魔”可能会给他的感官带来一个明显外部世界的幻觉以来，这种关于我们是否真的可以相信我们对宇宙的日常感知的争论一直是哲学中最受欢迎的话题。近来，它已经成为科幻电影如《黑客帝国》（*The Matrix*，1999）的主题。

这部有影响力的电影上映后不久，哲学家们提出了一个令人担忧的有说服力的论点，即我们确实可能处于一个数学仿真出来的多元宇宙中。这个想法只是说，如果在“真实”的多元宇宙历史上，只有一种高级文明培养出了运行这种仿真的能力和兴趣，那么多元宇宙中仿真实体的数量将迅速增长并超过真实实体。由于无法区分，我们不得不承认自己可能也在仿真之中。与此相反，其他哲学家和科学家认为“仿真假设”是不科学的，因为它不能被推翻，或者计算机的能力有内在的限制，这将阻止它们产生多元宇宙的真正仿真。

不管事实如何，多元宇宙的可能性给宇宙形状的问题增加了新的复杂性。它还对宇宙的未来发展以及我们对自己在宇宙中的位置的理解有着重要的影响。